太湖流域与水相关的生态环境承载力研究

朱永华 韩 青 戴晶晶 吕海深 等 著

"十三五"国家重点研发计划项目（2016 YFA0601504）

本书获 国家自然科学基金重点项目（41830752） 资助出版

国家自然科学基金面上项目（41571015）

U0263436

北 京

内 容 简 介

本书以丰水且水质型缺水地区为研究对象,从系统论的角度进行流域(区域)与水相关的生态环境承载力的理论方法研究,然后以太湖流域的长兴县为例进行应用研究。主要内容包括:①建立太湖流域与水相关的生态环境承载力的理论,包括与水相关的生态环境承载力概念的界定、计量指标体系的确定、计量模型的构建。②在长兴县的应用研究,包括长兴县与水相关的生态环境问题及其成因分析、承载力量化指标体系的确定、承载状态试评价、承载力的预估调控研究及预警机制研究。

本书是一部理论联系实际、方法与实例相结合的著作,具有显著的创新性。本书可供水资源和生态环境保护部门及林业部门的管理人员参考,也可作为高等院校水文学与水资源、环境学及生态学专业的教学参考书。

图书在版编目(CIP)数据

太湖流域与水相关的生态环境承载力研究 / 朱永华等著. —北京:科学出版社,2020.2

ISBN 978-7-03-063772-7

Ⅰ.①太… Ⅱ.①朱… Ⅲ.①太湖-流域-区域水环境-环境承载力-研究 Ⅳ.①X143

中国版本图书馆 CIP 数据核字(2019)第 283053 号

责任编辑:杨帅英 赵 晶 / 责任校对:何艳萍
责任印制:吴兆东 / 封面设计:图阅社

科 学 出 版 社 出版
北京东黄城根北街 16 号
邮政编码:100717
http://www.sciencep.com

北京中石油彩色印刷有限责任公司 印刷
科学出版社发行 各地新华书店经销

*

2020 年 2 月第 一 版 开本:720×1000 B5
2020 年 2 月第一次印刷 印张:13 3/4
字数:277 000
定价:159.00 元
(如有印装质量问题,我社负责调换)

《太湖流域与水相关的生态环境承载力研究》
编写委员会

组　长：朱永华

副组长：韩　青　戴晶晶　吕海深

成　员：尚钊仪　李昊洋　崔晨韵　苟琪琪

前　言

解决与水相关的生态环境承载力问题是生态水文学、环境科学以及经济学的交叉学科研究的内容。对流域生态环境承载力的研究是解决流域生态环境问题和实现流域可持续发展的共同要求。进入 21 世纪，全球"可持续发展"的共同理念是社会经济要发展、生态环境要保护。社会经济发展不能以牺牲生态环境为代价，可持续发展应是以生态环境为本、与生态环境共生与协调的发展。

太湖流域是我国社会经济最发达的地区之一，随着人口规模不断增加和社会经济迅速发展，流域水资源-水生态-水环境负荷不断加剧，抵御洪涝等水灾害的能力下降。流域本地水资源量不足，需要大量引调长江水，水污染严重，水环境恶化，水生态问题日益严重，与水相关的生态环境承载力与社会经济压力的矛盾日益突出，其制约流域社会经济和自然生态环境的可持续发展。要解决太湖流域当前面临的与水相关的生态环境（水资源-水生态-水环境）问题，实现可持续发展，就需要开展太湖流域与水相关的生态环境承载力研究。明确太湖流域及流域内各区域与水相关的生态环境承载力基线，并将其纳入各地社会经济发展战略，是从源头引导经济发展、水资源、与水相关的生态环境协调共处的有效措施。

与水相关的生态环境承载力的研究目标是研究生态环境系统（由水资源、与水相关的环境指标等关键生态环境要素相互作用构成）对社会经济系统可持续发展的承载能力。对研究区进行水资源-生态环境-社会经济系统分析，确定研究区现状承载状态和未来若干年内研究区在不同生态环境建设和社会经济发展情景下的生态环境承载力。

太湖流域与水相关的生态环境承载能力的研究，将为识别丰水且水质型缺水流域不同区域水环境及水生态问题的成因和性质、提出协调人与生态环境关系的对策、实施流域生态环境恢复规划、建设水生态文明提供重要依据。它是丰水且水质型缺水流域生态环境恢复水资源保障规划一个最为关键的问题与核心。

本书的创新点和突破点如下。

（1）建立太湖流域水土资源-生态环境-社会经济互动模型。①不仅考虑农业、工业、生活和生态用水，而且考虑农业部门及工业部门内部各分部门的用水。②在建立水生态指标-水量关系模型时，不但要考虑原自然环境中的水能否作为生态用水使用，还要考虑原自然环境中生态用水的水质，在原自然环境生态用水不足的情况下补充的这部分水才是湿润地区的生态用水量。

（2）建立与水相关的生态环境承载状态计量模型、承载力的预估调控模型及其可视化软件操作平台。定量确定研究流域（区域）现状承载状态及未来若干年内研究区在不同生态环境建设和社会经济发展情景下的生态环境承载力及其相应的调控对策。可视化平台的建设使得决策者制定决策更加便捷。

（3）可视化平台结合敏感性分析可识别研究流域（区域）与水相关的生态环境承载力的主控因子及其生态阈值，再结合实际，可及时准确地给出可持续发展的调控对策。

经过两年多的艰苦努力，本书的撰写工作完成了。本书是课题组集体智慧的结晶。课题组成员在河海大学朱永华教授和水利部太湖流域管理局水利发展研究中心韩青主任、戴晶晶高级工程师的领导下，凭着对科学研究的执着与追求，以及对中国南方降水总量丰富但水质型缺水地区的生态环境危机的忧虑和责任心，克服重重困难，完成了本书的撰写工作。

本书旨在引起中国不同层面及不同领域对丰水且水质型缺水地区与水相关的生态环境承载力的关注，同时，提高该研究领域的发展水平。本书主要面向政府管理的决策者，水资源和生态环境保护部门及林业部门的管理人员，水文与水资源学、环境学及生态学专业的科研人员及研究生等，以及对该领域感兴趣的人士。

本书分为上篇和下篇。上篇包括第 1~4 章，下篇包括第 5~8 章。上篇着重理论，系统介绍该领域国内外研究进展，紧紧围绕太湖流域与水相关的生态环境问题及其成因阐述了太湖流域与水相关的生态环境承载力的理论与方法；下篇以太湖流域湖州市长兴县为研究对象，在对研究区与水相关的生态环境问题及其成因分析的基础上，开展长兴县与水相关的生态环境承载状态现状评价和承载力预估调控研究，然后在此基础上开展承载力预警机制研究。在长兴县预警机制研究中给出了太湖流域与水相关的生态环境承载力未来研究的相关建议。

　　本书在写作过程中得到了水利部太湖流域管理局吴浩云副局长的关心和支持，他提出了许多中肯和建设性的意见；在项目进行过程中广泛听取了众多专家、学者和管理人员的宝贵建议；河海大学庞任宏、肖然帮助查阅及整理资料；崔晨韵负责可视化平台的建设；苟琪琪负责排版。长兴县水利局的张文斌和蔡良琪，水利部太湖流域管理局水利发展研究中心的陈华鑫、彭焱梅、周宏伟、曹菊萍、陈凤玉、彭欢、张亚洲、陆沈钧、曹翔都给予了支持。在此致谢。当然，本书的顺利出版，也离不开河海大学水文水资源学院及水利部太湖流域管理局水利发展研究中心领导们的支持。

　　由于时间及对该前沿领域研究认识有限，书中可能存在一些不足和疏漏之处，敬请各界人士批评指正！同时期待相关研究领域的同仁加入我们的行列，共同商榷这一全新的研究课题。

作　者
2018 年 6 月

目　录

前言

上篇　理　论　篇

第1章　与水相关的生态环境承载力的研究进展及适于太湖流域的研究方法 ····· 3
1.1　研究进展 ··· 3
1.2　研究方法 ··· 7
　　1.2.1　常规趋势法 ·· 7
　　1.2.2　综合评价分析法 ··· 8
　　1.2.3　系统动力学法 ·· 10
　　1.2.4　平衡指数法 ·· 11
　　1.2.5　多目标优化法 ·· 12
　　1.2.6　多目标优化互动法 ·· 12
1.3　适于太湖流域的研究方法 ·· 13
　　参考文献 ·· 14
第2章　太湖流域自然概况及水资源-生态环境-社会经济特征分析 ·············· 18
2.1　自然概况 ··· 18
2.2　社会经济发展特征 ·· 20
　　2.2.1　时间变化 ·· 21
　　2.2.2　空间差异性 ·· 23
2.3　水资源特征 ··· 24
　　2.3.1　流域水资源特征 ··· 24
　　2.3.2　区域水资源特征 ··· 31
2.4　水环境特征 ··· 37
　　2.4.1　流域水环境特征 ··· 37
　　2.4.2　区域水环境特征 ··· 40
2.5　水生态特征 ··· 42
　　2.5.1　蓝藻 ··· 42

　　　2.5.2　浮游生物 ·· 43

　　　2.5.3　原生动物 ·· 49

　　　2.5.4　底栖动物 ·· 50

　　　2.5.5　环节动物 ·· 51

　　　2.5.6　高等水生植物 ··· 53

　　　2.5.7　鱼类 ··· 54

　　　2.5.8　水系连通性 ··· 55

　　参考文献 ··· 56

第3章　太湖流域与水相关的生态环境问题及其成因分析 ···················· 57

　3.1　水环境问题及其成因分析 ·· 57

　　　3.1.1　水环境问题 ·· 57

　　　3.1.2　水环境问题成因分析 ··· 58

　3.2　水生态问题及其成因分析 ·· 60

　　　3.2.1　水生态问题 ·· 60

　　　3.2.2　水生态问题成因分析 ··· 60

　　参考文献 ··· 61

第4章　太湖流域与水相关的生态环境承载力的理论及量化模型 ·········· 63

　4.1　概念与内涵 ··· 63

　　　4.1.1　概念 ··· 63

　　　4.1.2　内涵 ··· 64

　4.2　量化指标体系 ··· 65

　4.3　量化模型 ··· 68

　　　4.3.1　承载状态的计量模型——承载状态综合测度模型 ·················· 68

　　　4.3.2　水土资源-生态环境-社会经济互动模型 ····························· 69

　　　4.3.3　承载力的预估调控模型 ··· 74

　　　4.3.4　承载状态变量的标量化——隶属度法 ······································· 76

　　参考文献 ··· 78

下篇　应　用　篇

第5章　长兴县与水相关的生态环境问题及其成因分析 ························ 81

　5.1　长兴县概况 ··· 81

　　　5.1.1　社会经济概况 ··· 81

　　　5.1.2　自然状况 ·· 82

　　5.1.3　水资源分区 …………………………………………………… 82
5.2　水资源及社会经济发展状况分析 …………………………………… 83
　　5.2.1　水资源及其开发利用状况分析 ……………………………… 83
　　5.2.2　社会经济发展状况分析 ……………………………………… 87
5.3　主要与水相关的生态环境问题及原因 ……………………………… 89
　　5.3.1　与水相关的生态环境问题 …………………………………… 90
　　5.3.2　与水相关的生态环境问题成因 ……………………………… 95
参考文献 …………………………………………………………………… 96
第6章　长兴县与水相关的生态环境承载状态试评价 ……………………… 97
6.1　与水相关的生态环境承载状态的计量方案 ………………………… 97
　　6.1.1　计量模型 ……………………………………………………… 97
　　6.1.2　计量指标的界定 ……………………………………………… 97
　　6.1.3　计量指标在综合测度中的权重的确定 …………………… 101
　　6.1.4　计量指标的标量化 ………………………………………… 102
　　6.1.5　数据来源 …………………………………………………… 113
6.2　2014年与水相关的生态环境承载状态系统分析 ………………… 114
　　6.2.1　水资源余缺水平分析 ……………………………………… 114
　　6.2.2　与水相关的环境质量分析 ………………………………… 115
　　6.2.3　社会经济水平分析 ………………………………………… 119
6.3　2014年与水相关的生态环境承载状态计算 ……………………… 121
　　6.3.1　模型输入数据 ……………………………………………… 121
　　6.3.2　MATLAB编程 ……………………………………………… 123
　　6.3.3　计算结果 …………………………………………………… 123
6.4　2014年与水相关的生态环境承载状态计算结果分析 …………… 127
参考文献 ………………………………………………………………… 130
第7章　长兴县与水相关的生态环境承载力的预估调控研究 …………… 132
7.1　长兴县生态需水量的确定 ………………………………………… 132
　　7.1.1　丰水且水质型缺水地区生态需水量的研究进展 ………… 132
　　7.1.2　长兴县最小和最适生态需水量的确定 …………………… 139
　　7.1.3　长兴县现状生态补水量的确定 …………………………… 150
7.2　研究方案 …………………………………………………………… 151
　　7.2.1　长兴县关联互动模型 ……………………………………… 151
　　7.2.2　长兴县优化互动模型 ……………………………………… 156
　　7.2.3　优化互动模型中各变量的解释 …………………………… 158

7.3 长兴县与水相关的生态环境承载力的情景方案设计 ················· 161
　7.3.1 长兴县的社会经济发展方案 ······························· 161
　7.3.2 计算情景设计 ·· 161
　7.3.3 长兴县生态承载力计算输入参数 ·························· 163
7.4 与水相关的生态环境承载规模预估结果及分析 ················· 165
　7.4.1 水资源配置保持现状不变（良好配置）的计算结果分析 ······· 166
　7.4.2 水资源优化配置情景下的计算结果分析 ···················· 170
　7.4.3 提出长兴县与水相关的生态环境承载力优化的对策建议 ······· 175
参考文献 ··· 179

第 8 章　长兴县与水相关的生态环境承载力预警机制研究 ·············· 183
8.1 基于敏感性分析确定承载力约束下的关键指标及其预警阈值 ······· 183
　8.1.1 敏感性分析的方法 ······································ 183
　8.1.2 四水配置对承载规模的敏感性分析 ······················· 185
　8.1.3 状态变量对承载状态测度值的敏感性分析 ················· 188
　8.1.4 小结 ··· 198
8.2 长兴县与水相关的生态环境承载状态评价和承载规模预估调控
　　平台的建立 ··· 198
　8.2.1 与水相关的承载状态评价系统可视化平台的建立 ············· 199
　8.2.2 与水相关的承载规模预估调控平台的建立 ················· 200
8.3 长兴县水资源–与水相关的生态环境质量和社会经济水平发展和
　　谐的调控策略 ··· 204
8.4 长兴县与水相关的生态环境承载力预警平台建设 ················ 205
8.5 小结与展望 ··· 207
参考文献 ··· 208

上篇　理　论　篇

第 1 章　与水相关的生态环境承载力的研究
进展及适于太湖流域的研究方法

1.1　研　究　进　展

承载力（carrying capacity）一词源自物理力学中的一个物理量，指物体在不产生任何破坏时所能承受的最大负荷。关于生态承载力概念的起源可以追溯到马尔萨斯时代（朱永华等，2005a，2005b；Zhu et al.，2010）。随着人口增长、技术水平提高，在社会经济活动过度开发利用现有资源的同时，排污而不治污或者长期治理污染的程度跟不上污染排放的程度，结果引起环境污染、土地退化、水资源短缺和人口膨胀等现象且这些现象日益加剧。承载力一词不再单纯地只属于生态学领域（Retzer and Reudenbach，2005；Downsa et al.，2008）。

在我国，与水相关的生态环境承载力起源于水资源承载力，并且与水资源承载力不同，其发展过程及特点如图 1.1 所示。关于水资源承载力的研究始于 20 世纪 80 年代后期，其中以新疆水资源软科学课题研究组（1989）对新疆水资源承载能力的研究为代表。同时差不多相同的时间，土地承载力研究开始在国内兴起，其中最有影响的是《中国土地资源生产能力及人口承载量研究》（封志明，1994）。

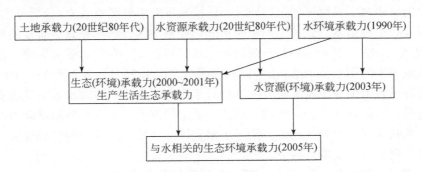

图 1.1　我国与水相关的生态环境承载力的起源示意图

我国水环境承载力的概念于 1990 年后得以提出，以郭怀成等对我国新经济开发区水环境承载力的研究为代表（王淑华，1996）。后来在环境科学方向又独立发展了水环境承载力这一研究方向，其量化方法与水资源承载力大致相同，研究重点是区域水环境纳污能力以及水环境可承载的人类活动的阈值和如何改善区域环境水污染（朱永华等，2011）。当土地（资源）承载力、水资源承载力、水环境承载力的研究趋于成熟时，综合因素的承载力研究得以发展。例如，2000~2001年开始出现的生态（环境）承载力、生产生活生态承载力，均是比土地（资源）承载力、水资源承载力、水环境承载力更综合的承载力，是综合因素构成的系统产生的承载力，更接近更符合实情。到2003年我国开始出现水资源（环境）承载力的研究（龙腾锐和姜文超，2003）。2005年，朱永华等（2005a，2005b）以海河流域为研究对象开始了与水相关的生态环境承载力理论及应用研究。

具体而言，我国与水相关的生态环境承载力研究进展经历了萌芽、发展及融合发展阶段，20世纪80年代后期到1995年处于萌芽阶段，水资源承载力的概念、理论和计算方法等都处于萌芽状态（李令跃和甘泓，2000），其研究不但不广泛，而且采用的研究方法比较简单，主要是利用趋势分析法，其中最具代表性的是施雅风和曲耀光（1992）对乌鲁木齐河流域水资源承载力的研究，该研究主要认为水资源承载力的计算可以解决水供需平衡和人们生活质量与水准的问题。

1995~2003年水资源承载力得到广泛研究，进入大发展阶段，研究方法呈现多样化，主要有综合评价法、系统动力学法和多目标优化法。例如，魏斌和张霞（1995）采用系统动态仿真模型预测了本溪市水资源系统的发展趋势，分析随着经济活动的扩大，水资源系统将会存在的矛盾，以寻求最佳处理方案；高彦春和刘昌明（1997）采用模糊综合评价法在对陕西关中地区的水资源承载力的研究中，认为水资源承载力是水资源开发的最大容量；傅湘和纪昌明（1999）利用主成分分析法对陕西关中地区的水资源承载力进行了综合评价；徐中民（1999）利用多目标分析法研究了黑河流域张掖地区不同情景下的水资源承载力，分析分水时间、分水量及种植业节水方式的不同组合形式对张掖地区经济和粮食占有量的影响，2000年及2002年又把多目标分析法应用于黑河流域中游的承载力研究，预测出黑河流域未来的用水需求量（徐中民和程国栋，2000，2002）；夏军和朱一中（2002）对水资源承载力的理论及其研究方法进行了研究，认为水资源承载力是水资源安全的度量；程国栋（2002）阐述了承载力概念的演变及西北水资源承载力的应用框架；龙腾锐和姜文超（2003）阐述了水资源（环境）承载力的研究进展，包括其概念、研究方法及未来展望。

随着水资源承载力得以提出和研究，水环境承载力的概念也于1990年后在我国得以提出。最初的研究中，比较具有代表性的是郭怀成等（1994）对我国新经济开发区水环境承载力的研究，以后便在环境科学方向又独立发展了水环境承载力这一研究方向，不过其量化方法与水资源承载力的量化方法大抵相同，其研究重点是区域水环境纳污能力、该区域水环境可承载的人类活动的阈值以及如何改善区域环境水污染情况。2001 年以来，汪恕诚（2001）多次对水环境承载力进行了论述，其采用单目标最优化方法，以最大的人口当量数为目标，以地区或流域内特殊用地（如森林用地、湿地等）的面积比和水环境质量等为约束条件，求解出最佳用地规划模式。汪恕诚（2001）所用的方法实际上是一种水污染控制系统规划方法。龙腾锐和姜文超（2003）在阐述了水资源承载力的研究进展的同时，也阐述了水环境承载力的研究进展，包括水环境承载力概念、特征、研究方法及未来展望。

2003 年以后，关于承载力的研究进入融合发展阶段，考虑综合因素，强调可持续发展；与水相关的生态环境承载力出现，建立多目标优化互动模型，研究水（土地）资源和与水相关的生态环境要素组成的与水相关的生态环境系统对社会经济系统的支持能力。其具体是当土地（资源）承载力、水资源承载力、水环境承载力的研究趋于成熟时，逐渐开始对综合因素承载力进行研究。土地（资源）承载力是指一个地区在土地资源一定的情况下，在何种利用方案下，该地区最多可生产的农产品（粮食）数量以及最大可承载的人口数。水资源承载力是指一个地区在一定的技术条件下，最大可用水资源量有多少，这些可用水资源量在何种利用方案下，可承载最大的人口数。水环境承载力主要研究一个区域的环境纳污能力以及该区域环境容纳人类活动的阈值。生态（环境）承载力、生产生活生态承载力（唐剑武等，1997；郭秀锐等，2000；高吉喜，2001；张传国等，2002）都是比土地（资源）承载力、水资源承载力、水环境承载力更综合的承载力，它们指的是综合因素构成的系统产生的承载力，更符合实情。其中，最具代表性的定义是高吉喜（2001）所给出的：生态承载力是指生态系统的自我维持和自我调节能力、资源和环境子系统的供容能力、其可维育的社会经济活动强度和具有一定生活水平的人口数。朱永华、夏军、吕海深等于 2005~2010 年开展了缺水地区与水相关的生态环境承载力理论及应用研究，从人类生态学的角度进行区域或流域水资源承载力的研究（朱永华，2004；朱永华等，2005a，2005b，2011；Zhu et al.，2005，2009，2010）。

关于南方丰水地区的研究在 2009 年前相对偏少，如朱照宇等（2002）采用常规趋势法进行珠江三角洲经济区水资源可持续利用初步评价；何宗健等（2004）采用主成分分析法进行鄱阳湖区水资源承载力的分析；刘强等（2005）采用综合指数法进行汉江中下游水资源承载能力评价；戴洪刚等（2007）采用综合指标分析法进行喀斯特地区枯水资源承载力评价；周亚红等（2009）采用综合指标分析法开展绵阳市水资源承载力研究。2002~2009 年研究方法可归结为两种，即常规趋势法和综合指标评价分析法。2010～2015 年研究较多，方法也较多。何凌等（2010）采用常规趋势法开展重庆市水资源承载力分析；王维维等（2010）、陈慧等（2010）及孙毓蔓等（2010）均采用主成分分析法分别开展了湖北省和南京市水资源承载力研究；程莉和汪德爟（2010）采用系统动力学模型开展苏州市水资源承载力研究；丁爱中等（2010）采用粗糙集和集对分析法开展中国 31 个省级行政区的水资源承载力现状评价，结果表明，我国北方地区基本属于不可承载或准不可承载，南方地区基本属于可承载或良好可承载，在其研究中，既考虑水质，也考虑水生态，反映了水资源承载力的空间差异性；温天福和杨永生（2011）采用常规趋势法探讨了赣江袁河流域水资源承载力，并提出相应的发展建议；赵筱青等（2011）和张斌等（2011）均采用系统动力学模型分别开展了昆明市和深圳市的水资源承载力研究；许朗等（2011）采用主成分分析法开展了江苏省水资源承载力研究；彭忠福等（2011）采用遗传投影寻踪方法进行江西省水资源承载力评价研究；吴涛（2011）采用灰色关联度分析法与向量模法开展了徐州市水资源承载力量化评价与研究；卜楠楠等（2012）采用模糊综合评价法开展浙江省水资源承载力评价；王晓晓等（2012）采用可变模糊识别模型进行武汉市水资源承载能力评价；陆君等（2013）采用综合指标评价法开展黄山市太平湖流域水资源承载力分析；曾浩等（2013）采用动态因子分析法进行湖北汉江流域水资源承载力研究；钟世坚（2013）采用生活用水定额法开展珠海市水资源承载力与人口均衡发展分析；孙光等（2013）采用指数平衡法分析了广西西江流域水资源承载能力；陈威和周铖（2014）采用系统动力学模型和密切值法开展了武汉市水资源承载力评价应用研究；邹进等（2014）基于二元水循环理论采用综合评价法开展昆明市水资源承载力质量能综合评价，他认为，水资源承载力应该是"质""量""能"三者的统一，主要体现在生态用水的计算上，量指的是河道生态用水量，质即水质，用污径比表示，能指的是考虑发电用水对生态用水的影响，用发电用水率表示；顾自强等（2014）采用常规趋势法开展了汉江流域水资源承载力研究；马宇翔等（2015）采用综合指标评价分析法开展了成都市水资源承载力评价及差异分析；徐韬等（2015）采用多目标优化法进行南通市水资源供需平衡与承载力研究；任黎等（2015）采用模糊综合评价模型，以盐城市为例，开展了江苏沿海地区水资源承载力研究。2016 年及以后对南方丰水地区的相关研究有所减少。在关于南方丰水地区的研究中，许多研究都关注了水污染水环境问题（朱照宇等，2002；程莉和汪德爟，2010；丁爱中等，2010；王晓晓等，2012；邹进等，2014），所用方法多是综合评价分析法（王维维等，2010；孙毓蔓等，2010；彭忠福等，2011；王晓晓等，2012；曾浩等，2013；陈威和周铖，2014；任黎等，2015），其次是常规趋势法（何凌等，2010；温天福和杨永生，2011；顾自强等，2014）和系统动力学法（赵筱青等，2011；张斌等，2011；陈威和周铖，2014），还有平衡指数法（孙光等，2013）、多目标优化法（朱照宇等，2002；徐韬等，2015）和生活用水定额法（钟世坚，2013）。采用多目标优化法和生活用水定额法的研究重点在于回答研究区在一定时间内水资源能够承载的社会经济规模，一般都是采用一种方法，不过也有两种方法的结合。例如，系统动力学方法与密切值法的结合（陈威和周铖，2014），灰色关联度分析法与向量模法的结合（吴涛，2011）。但是现有研究从概念界定、量化方法（指标体系和量化模型）的创建到实际应用进行一体化研究的还不多（徐韬等，2015），考虑不同情景下承载力的未来时序变化的研究也较少（赵筱青等，2011）。

1.2　研究方法

当前关于丰水地区水资源承载力的研究方法有常规趋势法、综合评价分析法、系统动力学法、平衡指数法、多目标优化法及多目标优化互动法，这些方法各具特点，下文将进行详细叙述。

1.2.1　常规趋势法

常规趋势法是一种在考虑可利用水量、生态环境用水以及国民经济各部门的适当用水比例的前提下，在适当考虑建设节水型社会的情况下，计算水资源所承载的工业、农业及人口数量等的方法，具有运算简便、内容显示直观的优点，缺点是该方法涉及社会因子较多，因子之间的复杂影响关系不能全面反映，所以不同基准年的计算结果之间差异很大。

曲耀光和樊胜岳（2000）在黑河流域利用常规趋势法，进行了干旱区域水资源开发利用阶段可用水资源计算方法和内陆河流域社会经济发展及其需水预测的分析，计算了黑河流域中游地区的水资源承载力。结果表明，当完成水资源开发利用第二阶段时，在可用水资源首先保证未来 50 年内流域中游地区人口、环境和工业等部门发展的需水后，农业灌溉用水的总量还将有所增加，水资源不会成为社会经济发展的制约因素，可以使绿洲和农业走可持续发展道路。但东干流中游张掖盆地要在 21 世纪初完成分水指标，21 世纪的前 20 年农业灌溉用水有缺口，只要加大农业节水力度，在此期间提前完成农业节水目标的 60%，就能顺利度过2000～2020 年的社会经济快速发展时期。付湘等（2006）利用常规趋势法研究武汉市各水平年不同方案下的水资源承载能力，研究表明，武汉市总体上的人口发展速度未超过水资源的承载能力，有较大的缓冲余地，人口和水资源的关系呈可持续发展状态，但在个别地区出现了恶性发展的趋势。如果要达到经济高增长的发展，并使人水关系长期处于可持续发展状态，就有必要对武汉市的水资源开发利用采取相应的对策。顾自强等（2014）利用常规趋势法对汉江流域水资源承载力进行研究，研究表明，随着汉江社会经济发展快速增长，尤其是自 21 世纪以来，汉江水资源所面临的需求日益增长，水生态环境压力日益加大，流域水安全面临较大挑战，该研究依据汉江流域的水资源现状，采用常规趋势法进行汉江流域水资源承载力的研究，为合理开发利用汉江流域的水资源决策的制定提供科学的理论依据。

1.2.2　综合评价分析法

综合评价分析法是形成一套指标评价体系来进行一个区域或流域的水资源承载能力研究，该方法是目前应用较为广泛的一种量化模式，主要有粗糙集（rough set，RS）和集对分析（set pair analysis，SPA）法（丁爱中等，2010）、主成分分析法（何宗健等，2004；王维维等，2010；陈慧等，2010；孙毓蔓等，2010；许朗等，2011）、向量模法（吴涛，2011）、遗传投影寻踪方法（彭忠福等，2011）、模糊综合评价法（卜楠楠等，2012；王晓晓等，2012；任黎等，2015）。

粗糙集和集对分析法针对水资源的自然、社会经济和生态环境等多重属性，选取了 m 类 n 项描述指标，通过粗糙集理论对指标进行约简，筛选出重要的评价指标。其采用层次分析和熵权法对指标进行赋权，采用集对分析构建评价样本与评价标准的联系度，建立了水资源承载力评价 RS-SPA 模型，然后利用所构建的 RS-SPA 模型对研究区分区的水资源承载力进行了评价（丁爱中等，2010）。

集对分析法是通过对不确定系统中的两个有关联的集合构造集对分析，并对集对的特性做同一性、差异性、对立性分析，来建立集对的同异反联系度的方法。其优点是能从整体与局部上研究系统内在的关系，缺点是在理念、计算思路方面仍存在争议。用于水资源承载力研究时，该方法仍需修正与改造。

丁爱中等（2010）在全国范围内基于粗糙集和集对分析法分析我国水资源承载力状况。研究发现：①区域本身产水不足、人口过多、水质较差和生态状况较差是造成北方地区不可承载的主要原因。②该方法适合承载力的分区研究。

主成分分析法（何宗健等，2004；王维维等，2010；陈慧等，2010；孙毓蔓等，2010；许朗等，2011）是通过对原有变量进行线性变换和舍弃一小部分信息，将高维变量系统进行综合与简化，同时客观地确定各个综合变量的权重，克服了模糊综合评价法取大或取小的运算，这样就不会使大量有用信息遗失。

向量模法（吴涛，2011）是将承载力视为一个由 n 个指标构成的向量，设有 m 个发展方案或 m 个时期（地区）的发展状态，分别对应着 m 个承载力，对 m 个承载力的 n 个指标进行归一化，则归一化后向量的模即相应方案、时期或地区的水资源承载力。

遗传投影寻踪方法（彭忠福等，2011）的基本思路是把高维数据投影到低维（1～2 维）子空间上，采用投影指标函数来衡量投影暴露某种结构的可能性大小，寻找出使投影指标函数达到最优（即能反映高维数据结构或特征）的投影值，然后根据该投影值来分析高维数据的结构特征，或根据该投影值与研究系统的输出值之间的散点图构造数学模型，以预测系统的输出。投影寻踪分类模型的建模过程包括样本评价指标集的归一化处理；构造投影指标函数 Q（a）；优化投影目标函数，确定最佳投影方向；建立水资源承载力综合评价模型。

模糊综合评价法（卜楠楠等，2012；王晓晓等，2012；任黎等，2015）是将承载力的评价视为一个模糊综合评价过程，其模型为：设给定两个有限论域 $U = |u_1, u_2, \cdots, u_k|$ 和 $V = |v_1, v_2, \cdots, v_m|$，其中 U 代表评价因素（即评价指标）集合；V 代表评语集合，则模糊综合评价为下面的模糊变换：$B = A \times R$，其中 A 为模糊权向量，即各评价因素（指标）的相对重要程度；B 为 V 上的模糊子集，表示评价对象对于特定评语的总隶属度；R 为由各评价因素 U 对评语 V 的隶属度 V_{ij} 构成的模糊关系矩阵，其中第 i 行第 j 列元素 r_{ij} 表示某个被评价对象从因素 u_i 来看对 v_j 等级模糊子集的隶属度。通过上面的合成运算，可得出评价对象从整体上来看对于各评语等级的隶属度。再对上面的隶属度向量 B 的元素取大或取小，就可确定评价对象的最终评语。

戴洪刚等（2007）利用综合评价分析法研究贵阳地区水资源承载力，总结出如下提高该地区水资源承载力的措施：①寻找水源，以增加枯水季节的供水量。但由于该地区岩溶发育不均匀，岩溶水的分布位置不易确定，因此应在传统水文地质工作的基础上将遥感、综合物探方法有机结合起来，在喀斯特地区寻找深切河谷区和岩溶表层水。②制定水资源保护规划，加强水资源管理，依法治水，最大限度地发挥水资源的效益，提高水的重复利用率，提高枯水资源承载力。③要提倡节约用水，建立与社会市场经济相适应的水价体系，实行分质供水、分质定价，建立节水型的贵阳。④控制工业三废的排放，加强污水处理，发展循环经济。

吴涛（2011）利用向量模法研究徐州地区水资源承载力，得到以下结论，2005～2009 年徐州市水资源承载力整体呈现上升趋势，其中，2006 年与 2009 年徐州市水资源承载力相对较高，分析其原因主要有：①2006 年与 2009 年徐州市过境水资源量分别为 56.83 亿 m^3 和 38.58 亿 m^3，明显低于其他参评年份，致使其水资源总量也随之减少，而上述两年全市供水总量并未因此减少，最终导致 2006 年与 2009 年徐州市水资源开发利用率均超过 40%，较其他参评年份明显偏高。②2006

年徐州市颁布实施了《徐州市节约用水管理办法》，其促进了徐州市节约用水工作的开展，使得 2006 年城镇人均日需水量降至 0.153t，在评价年份中最低，而反映工业节水程度的工业用水重复利用率在 2009 年达到 92.75%，也是所有参评年份中最高的，由此可见，徐州市水资源承载力受其开发利用率与城市节水措施的影响较大。

傅湘和纪昌明（1999）利用主成分分析法也研究过徐州地区的水资源承载力，对该地区水资源承载力进行综合评价，其评价结果与采用模糊综合评判法得出的结果不尽相同，这是因为后者对主观产生的离散过程进行综合处理时，丢失了大量的有关信息，可靠性低；而主成分分析法用少数几个新的综合指标代替原来指标所包含的信息，同时客观地确定权重，避免了主观随意性。本书的研究是探索性的，可为区域水资源承载能力综合评价提供参考依据。

任黎等（2015）利用模糊评价法研究盐城地区水资源承载力。结果表明，盐城市水资源开发利用已达到相当规模，在现有经济技术条件下，该地区的水资源承载潜力已相对较小，水资源供需矛盾突出，亟须提出提高水资源承载力的对策，为该区域今后水资源开发利用提供依据。

采用综合评价分析法进行一个流域的承载力的研究，主要体现在对可承载程度或承载程度的判定，也有从承受能力方面来分析，其只考虑最大的水资源可用量。目前，综合评价分析方法已被大量应用。该方法是一种评价法，它可用于优选方案，但对于搞清承载力所涉及的各个因子间的现状和未来定量关系作用不大，不能给决策者提供更系统更全面的认识。

1.2.3　系统动力学法

系统动力学（systems dynamics，SD）法，是以一种以反馈控制理论为基础，以计算机仿真技术为手段的研究复杂系统的定量方法。它是由美国麻省理工学院 Jay. W. Forrester 教授于 1956 年创立的（王其藩，1995）。该方法是在总结运筹学的基础上，综合系统理论、控制论、信息反馈理论、决策理论、系统力学、仿真与计算机科学等形成的崭新科学（王其藩，1995）。系统动力学的本质是一阶微分方程组。一阶微分方程组描述了系统各状态变量的变化率对各状态变量或特定输入等的依存关系。而在系统动力学中则进一步考虑了促成状态变量变化的几个因素，根据实际系统的情况和研究的需要，将变化率的描述分解为若干流率的描述。这样处理使得物理、经济概念明确，不仅有利于建模，而且有利于政策实验，以寻找系统中合适的控制点。假定某个区域的承载力体系由 m 个方面的指标构成，分别用 C_1, C_2, $\cdots$, C_m 表示，则该区域承载力体系 C 用矢量形式表示为：$\bar{C} = (\bar{C}_1, \bar{C}_2, \bar{C}_3, \cdots, \bar{C}_m)$。

按照该区域承载力系统的结构和功能不同，将承载力系统 S 分解为 n 个子系统，则该区域承载力系统表示为：$S = \{S_1, S_2, \cdots, S_n\}$。

系统动力学法可将资源-环境-经济纳入复杂巨系统，从系统整体协调的角度来对区域承载力进行动态计算，其在我国南方各地区已得到较多的应用（赵筱青等，2011；张斌等，2011；陈威和周铖，2014）。该方法的优点在于能定量地分析各类复杂系统的结构和功能的内在关系，能定量地分析系统的各种特性，擅长处理高阶、非线性问题，比较适应宏观的动态趋势研究；缺点是系统动力学模型的建立受建模者对系统行为动态水平认识的影响，参变量不好掌握，易导致不合理的结论。

惠泱河等（2001）利用系统动力学法在关中地区做水资源承载力的研究，得到以下结论：①开源、节流、污水处理及区外调水等多项措施并举，是提高关中水资源承载力的重要途径；应限制地下水的开采规模，使水生态环境向良性方向发展；应抓紧非工程措施，建立健全水资源管理机构，为缓解关中水资源危机服务。②关中地区水资源短缺，承载力有限，不合理的发展规模和耗水型产业结构易导致水资源的掠夺性开发和生态环境破坏，因此，关中地区应适度控制城市发展规模，调整产业结构，发展低耗水型产业。③运用系统动力学法研究水资源承载力与以往其他研究方法（如多目标分析规划法）相比，系统动力学法更容易得到不同方案下的水资源承载力，且能更真实地模拟区域水资源和社会经济、环境协调发展状况。④系统动力学法定量描述人口、水资源、环境和经济发展之间的相互关系，帮助决策者了解和判断水资源承载力的动态行为，而不仅仅是对某些系统参数的预测；用系统动力学动态模型计算的水资源承载力不是简单地给出某个国家或地区所能养活人口的上限，而是在设定的各种决策情景下利用模型进行模拟，清晰地反映人口、资源、环境和发展之间的相互关系。因此，运用系统动力学法研究水资源承载力具有创新性和较强的可操作性。程莉和汪德爟（2010）利用系统动力学法对苏州地区水资源承载力进行研究，结果表明，节水措施对水资源承载力有较大影响，是提高水资源承载力的有力措施。

1.2.4 平衡指数法

平衡指数法是一种从水资源承载力的基本概念出发，通过建立可用水资源量与水资源需求总量的平衡程度，反映出社会-经济-环境之间关系的方法。其优点是概念清楚、评价方法简单以及可比性好，缺点是由于各个产业、生活及生态环境各个方面的需水不能明确区分，结果出现时序数据不完整的情况。

承载力平衡指数法是由夏军和朱一中首先提出的。胡和平和张宁（2004）又对其进行了改进，然后利用该方法研究海河流域水资源供需平衡的问题。结果表明，未来变迁趋势取决于南水北调和节水挖潜这两大战略的实施情况，利用情景分析法可以得出以下结论：南水北调对于海河流域水生态环境恢复的贡献最大，而节水挖潜其次；为了保证流域水生态环境逐步恢复，南水北调和节水挖潜两大战略须同步实施。预计在最乐观情形下，2030 年流域水生态环境可以恢复到 20 世纪 70 年代中期的水平。孙光等（2013）利用承载力平衡指数法研究西江流域水资源供需平衡。结果表明，假设西江流域水资源开发利用率达到 40%，在最小用水量情景下，除南宁市水资源短缺外，其他地区水资源均可承载其社会经济发展水平；在最大用水量情景下，贵港市也会出现水资源短缺状况，但西江流域整体水资源仍有盈余，西江流域水资源基本能够承载其社会经济、人口发展的规模。因此，保障广西西江流域未来水资源承载力的前提是提高该流域的水资源开发利用率。

1.2.5　多目标优化法

多目标优化法是目前最适合开展承载力研究的定量方法之一（朱照宇等，2002）。它既有多目标综合评价法的优点，又可回答承载力所涉及的支持因子、约束因子与被承载因子之间的定量关系。采用多目标优化法可得出真正的最优方案，真正可承载的社会经济系统的表征指标人口、社会经济规模的最大值，这样得出的结果更有利于决策。

多目标优化法是在列出影响水资源系统的主要约束条件下，运用系统分析和动态分析手段，寻求多个目标的整体最优。其优点是能将水资源系统与区域宏观经济作为一个综合体来考虑，缺点是由于影响因子权重的确定多是依靠主观判断，客观性较差。

徐韬等（2015）利用多目标优化法研究南通市水资源承载力，研究发现，未来南通市水资源将出现超载情况，2015 年可能出现水质性缺水问题；2020 年水质问题有所改善，季节性缺水逐渐出现；2030 年季节性缺水问题凸显。若不采取相应措施，根据目前预测的人口增长情况，未来南通市的水资源将难以承载其社会经济的发展。在最严格水资源管理制度下，未来南通市的供需水量将发生较大变化。

1.2.6　多目标优化互动法

多目标优化互动法即多目标优化互动与时间序列分析相结合的方法，是朱永华、夏军和吕海深等于 2005 年从可持续发展的角度提出的新方法和新理论，其在海河流域得到成功应用（朱永华，2004；朱永华等，2005a，2005b，2011；Zhu et al.，2005，2009，2010）。与水相关的生态环境承载力指在满足一定的生态环境保护准则和标准下，在一定的经济、技术水平条件下，在保证一定的社会福利水平要求下，利用当地（或调入）的水资源和流域"生态-社会-经济"系统其他资源（如土地资源）与环境条件（用与水相关的环境质量表示），维系良好生态环境所能够支撑的最大人口数量及社会经济规模。多目标是指生态环境质量最好、社会经济水平最高；互动指加入资源-环境质量-社会经济互动模型，这样得出承载力的表征值人口和经济规模的同时也可得出它们所对应的水资源的合理配置、人均粮食产量、污水回用水量和生态环境指标等；时间序列指加入时间因子，可得出从起算年到未来40年或更长时期的逐年可承载的人口、经济规模的变化以及对应的水资源配置、人均粮食产量、污水回用水量和生态环境指标等。它的优点是：①建立了合理的生态环境承载力的量化指标体系，能够真实地反映流域生态环境承载力的变化。②建立了科学、合理的数学计量模型，完全计算出在不同方案下流域的生态环境承载力、配水和生态环境指标。③引入生态恢复难易程度的修正指数以及均衡系数，纠正了一些专家引进的指数权重，使得模型更准确、更合理、更科学。④所有模型实现了人机互动，可以应用到任何流域，只要输入流域的经济以及与水相关的参数、实验数据就可以直接输出结果。⑤进行了流域承载力的时间变化、空间差异性分析。它的缺点在于：①生态环境承载力的研究理论与方法还不完善，表现为因素的全面性、生态恢复难易程度的修正指数、最小生态需水量的实验确定、生态系统内各因素之间的关系、各因素对生态大系统的贡献，以及研究区域的尺度问题及相应的信息收集等。②没考虑水资源量的波动性及随机性，即气候变化影响下的水资源量是随时空发生变化的，既有平稳性变化，也有非平稳性变化，如何考虑水资源量变化情景下的承载力仍是未解决的问题。③适用性的局限性。首先是适用地的问题，模型已经证明在北方水量型缺水的海河流域适用，如何应用于南方水质型缺水地区（如太湖流域）还没有解决方案。其次是适用尺度的问题，如何把一个流域典型点的测量值与多目标优化互动模型、时间序列分析相结合，进行流域面上未来30年或更长时间的生态恢复过程的计算机仿真模拟的研究也需要进一步探索。

1.3 适于太湖流域的研究方法

水资源承载力的研究方法中常规趋势法、平衡指数法、集对分析法、系统动力学法、多目标分析评价法、指标体系法、多目标互动优化法各有优点和缺点。我国虽然已有众多学者对水资源承载力进行了研究，但研究区域主要集中于北方水量型缺水地区，对于长江以南水质型缺水地区的研究相对较少（郭怀成等，1994；曲耀光和樊胜岳，2000；郭秀锐等，2000；汪恕诚，2001；高吉喜，2001；夏军和朱一中，2002），且并没有人采用多目标互动优化法从可持续发展的角度来开展研究。

太湖流域位于长江三角洲核心区域，自古就是我国著名的鱼米之乡、富庶之地。近几十年来，太湖流域社会经济持续快速发展，经济富集、人口密集等问题逐渐出现，导致水资源供需矛盾加剧，水环境污染严重，水生态系统退化，流域与水相关的水资源水环境承载能力和社会经济发展需求之间的矛盾日益突出。明确流域及流域内城市水资源水环境承载力基线，并将其纳入各地社会经济发展战略，是从源头引导经济发展与水资源协调共处的有效措施。

要在太湖流域水资源承载力研究中找到解决水资源供需矛盾、水环境污染及水生态系统退化问题的途径，必须以可持续发展为目标，并从人类生态学的角度来考虑问题，突破太湖流域水资源承载力的传统定义，赋予其新的含义——将水资源（针对水资源短缺问题）-水环境（针对水污染问题）-水生态（针对水生生物多样性锐减等问题）综合成与水相关的生态环境对社会经济系统的支撑能力。

多目标互动优化法所研究的与水相关的生态环境承载力，正是研究在一定的约束条件下水（土）资源及与水相关的生态环境要素形成的与水相关的生态环境系统对社会经济系统的承载能力，其不但可以反映太湖流域目前的水资源水环境对社会经济的承载状态，也可以预估当地经济在一定情景、与水相关的生态环境逐步修复直至恢复的条件下，即可持续发展条件下的承载力（可承载人口和经济规模），同时可获得可持续发展条件下的水资源最优配置方案及各个生态环境指标的修复过程变化。因此，对于太湖流域而言，多目标互动优化法是其水资源承载力最适合的研究方法。

参 考 文 献

卜楠楠，唐德善，尹笋. 2012. 基于 AHP 法的浙江省水资源承载力模糊综合评价. 水电能源科学，30（3）：41，42-44.

陈慧，冯利华，孙丽娜. 2010. 南京市水资源承载力的主成分分析. 人民长江，41（12）：95-98.

陈威，周铖. 2014. 武汉市水资源承载力评价应用研究. 中国农村水利水电，6：98-101.

程国栋. 2002. 承载力概念的演变及西北水资源承载力的应用框架. 冰川冻土，24（4）：361-367.

程莉，汪德爟. 2010. 苏州市水资源承载力研究. 水文，30（1）：47-50，55.

戴洪刚，梁虹，张美玲. 2007. 基于多目标决策——理想区间模型的喀斯特地区枯水资源承载力评价. 水土保持研究，14（6）：23-26，36.

丁爱中，陈德盛，潘成忠，等. 2010. 全国基于粗糙集和集对分析的中国水资源承载力现状评价. 南水北调与水利科技，8（3）：71-75.

封志明. 1994. 土地承载研究的过去、现在和未来. 中国土地科学，8（3）：1-9.

付湘，李娟，梅亚东. 2006. 武汉市水资源承载能力研究. 水电能源科学，（1）：84-86，102.

傅湘，纪昌明. 1999. 区域水资源承载能力综合评价——主成分分析法的应用. 长江流域资源与环境，8（2）：168-172.

高吉喜. 2001. 可持续发展理论探索：生态承载力理论、方法与应用. 北京：中国环境科学出版社.

高彦春，刘昌明. 1997. 区域水资源开发利用的阈限研究分析. 水利学报，（8）：73-79.

顾自强，高飞，汪周园. 2014. 汉江流域水资源现状及承载力研究. 环境与可持续发展，6：99-102.

郭怀成，徐云麟，洪志明，等. 1994. 我国新经济开发区水环境规划研究. 环境科学进展，2（5）：14-22.

郭秀锐，毛显强，冉圣宏. 2000. 国内环境承载力研究进展. 中国人口•资源与环境，13（3）：28-30.

何凌，邓春光，熊强. 2010. 重庆市水资源承载力分析. 安徽农业科学，38（21）：11402-11404.

何宗健，陈益虎，黄虹. 2004. 鄱阳湖区水资源承载力的分析. 南昌大学学报（理科版），28（4）：409-412.

胡和平，张宁. 2004. 基于流域水资源承载力平衡指数方法的海河流域水生态环境变迁研究. 海河水利，（4）：1-4.

惠泱河，蒋晓辉，黄强，等. 2001. 二元模式下水资源承载力系统动态仿真模型研究. 地理研究，（2）：191-198.

李令跃，甘泓. 2000. 试论水资源合理配置和承载能力概念与可持续发展之间的关系. 水科学进展，（3）：307-313.

刘强，陈进，陈西庆. 2005. 汉江中下游水资源承载能力评价. 长江科学院院报，22（2）：17-20.

龙腾锐，姜文超. 2003. 水资源（环境）承载力的研究进展. 水科学进展，14（2）：249-253.

陆君，舒荣军，李响，等. 2013. 黄山市太平湖流域水资源承载力分析. 复旦学报（自然科学版），52（6）：822-828.

马宇翔，彭立，苏春江，等. 2015. 成都市水资源承载力评价及差异分析. 水土保持研究，22（6）：159-166.

彭忠福，马学明，刘雁翼. 2011. 江西省水资源承载力评价研究. 人民长江，42（18）：73-76.

曲耀光，樊胜岳. 2000. 黑河流域水资源承载力分析计算与对策. 中国沙漠，（1）：2-9.

任黎，杨金艳，相欣奕. 2015. 江苏沿海地区水资源承载力研究——以盐城市为例. 水利经济，33（5）：1-3，77.

施雅风，曲耀光. 1992. 乌鲁木齐河流域水资源承载力及其合理利用. 北京：科学出版社.

孙光，罗遵兰，徐靖，等. 2013. 用指数平衡法对广西西江流域水资源承载能力的分析. 中国农业大学学报，（5）：57-61.

孙毓蔓，夏乐天，王春燕. 2010. 基于主成分分析的南京市水资源承载力研究. 人民黄河，32

（10）：74-75.

唐剑武，郭怀成，叶文虎. 1997. 环境承载力及其在环境规划中的初步应用. 中国环境科学，17：
6-9.

汪恕诚. 2001. 水环境承载力分析与调控. 中国水利，2（11）：1-4.

王其藩. 1995. 高级系统动力学. 北京：清华大学出版社.

王淑华. 1996. 区域水环境承载力及其可持续利用研究. 北京师范大学博士学位论文.

王维维，孟江涛，张毅. 2010. 基于主成分分析的湖北省水资源承载力研究. 湖北农业科学，
49（11）：2764-2767.

王晓晓，梁忠民，黄振平，等. 2012. 基于可变模糊识别模型的武汉市水资源承载能力评价. 水
电能源科学，30（12）：20-23.

魏斌，张霞. 1995. 城市水资源合理利用分析与水资源承载力研究. 城市环境与城市生态，8（4）：
19-24.

温天福，杨永生. 2011. 赣江袁河流域水资源承载力探讨及发展建议. 人民长江，42（18）：
103-106.

吴涛. 2011. 徐州市水资源承载力量化评价与研究. 环境科技，24（2）：54-58.

夏军，朱一中. 2002. 水资源安全的度量：水资源承载力的研究与挑战. 自然资源学报，17（3）：
262-269.

新疆水资源软科学课题研究组. 1989. 新疆水资源及其承载能力和开发战略对策. 水利水电技
术，（6）：2-9.

徐韬，段衍衍，杨涛，等. 2015. 南通市水资源供需平衡与承载力研究. 水电能源科学，33（7）：
34-38.

徐中民. 1999. 情景基础的水资源承载力多目标分析理论及应用. 冰川冻土，21（2）：99-106.

徐中民，程国栋. 2000. 运用多目标决策分析技术研究黑河流域中游水资源承载力. 兰州大学学
报（自然科学版），36（2）：122-132.

徐中民，程国栋. 2002. 黑河流域中游水资源需求预测. 冰川冻土，22（2）：139-146.

许朗，黄莺，刘爱军. 2011. 基于主成分分析的江苏省水资源承载力研究. 长江流域资源与环境，
20（12）：1468-1474.

曾浩，张中旺，孙小舟，等. 2013. 湖北汉江流域水资源承载力研究. 南水北调与水利科技，
11（4）：22-30.

张斌，陆桂华，胡震云. 2011. 基于 SD 模型的深圳市水资源承载力研究. 中国水利，（3）：25-27.

张传国，方创琳，全华. 2002. 干旱区绿洲承载力的全新审视及展望. 资源科学，24（2）：42-48.

赵筱青，饶辉，易琦，等. 2011. 基于 SD 模型的昆明市水资源承载力研究. 中国人口·资源与
环境，21（12）：339-342.

钟世坚. 2013. 珠海市水资源承载力与人口均衡发展分析. 人口学刊，35（198）：15-19.

周亚红，宋雪琳，李铎，等. 2009. 基于隶属度模型的绵阳市水资源承载力研究. 安徽农业科学，37（17）：8122-8124.

朱永华. 2004. 流域生态环境承载力分析的理论与方法及在海河流域的应用. 中国科学院地理科学与资源研究所博士后研究工作报告.

朱永华，任立良，夏军，等. 2005a. 海河流域与水相关的生态环境承载力的研究. 兰州大学学报（自然科学版），41（4）：11-15.

朱永华，任立良，夏军，等. 2011. 缺水流域生态环境承载力的研究进展. 干旱区研究，28（6）：990-997.

朱永华，夏军，刘苏峡，等. 2005b. 海河流域生态环境承载能力计算. 水科学进展，16（5）：649-654.

朱照宇，欧阳婷萍，邓清禄，等. 2002. 珠江三角洲经济区水资源可持续利用初步评价. 资源科学，24（1）：55-61.

邹进，张友权，潘锋. 2014. 基于二元水循环理论的水资源承载力质量能综合评价. 长江流域资源与环境，23（1）：117-123.

Downsa J A，Gatesb R J，Murrayc A T. 2008. Estimating carrying capacity for sandhill cranes using habitat suitability and spatial optimization models. Ecological Modelling，214：284-292.

Retzer V，Reudenbach C. 2005. Modelling the carrying capacity and coexistence of pika and livestock in the mountain steppe of the South Gobi，Mongolia. Ecological Modelling，189：89-104.

Zhu Y H，Drake S，Lü H S，et al. 2010. Analysis of temporal and spatial differences in eco-environmental carrying capacity related to water in the Haihe River Basins，China. Water Resources Management，24（6）：1089-1105.

Zhu Y H，Drake S，Xia J，et al. 2005. The study of eco-environmental carrying capacity related to water. IAHS Publication，293：118-124.

Zhu Y H，Ren L L，Xia J，et al. 2009. The proportion of water usable distribution for sustainable development in Haihe river basins. IAHS Publication，335：219-223.

第2章 太湖流域自然概况及水资源-生态环境-社会经济特征分析

2.1 自 然 概 况

太湖流域面积 3.69 万 km^2，地处长江三角洲核心区域，北依长江，南濒杭州湾，东临东海，西以茅山、天目山为界（水利部太湖流域管理局，2009）。

太湖流域的地形特点为周边高、中间低，呈碟状。太湖流域整体地势大致以丹阳-溧阳-宜兴-湖州-杭州为界分为山地丘陵与平原，西部为山丘区，面积 $7338km^2$，山区高程一般为 $200\sim500m$（镇江吴淞高程，下同），丘陵高程一般为 $12\sim32m$，约占总面积的 20%；中间为平原河网和以太湖为中心的洼地及湖泊，面积 $19350km^2$，高程一般低于 5m，又分为中部平原区、沿江滨海平原区和太湖湖区三类，约占总面积的 52%，其中太湖区域 $3192km^2$，占总面积的 9%；北、东、南周边受长江口和杭州湾泥沙堆积的影响，地势相对较高，沿江滨海平原区总面积 $7015km^2$，高程一般在 $5\sim12m$，约占总面积的 19%[①]（水利部太湖流域管理局，2009）。

太湖流域属北亚热带北缘季风气候区，呈现四季分明、冬季干冷、夏季湿热、降雨丰沛和台风频繁等气候特点。流域多年平均气温 16℃，平均日照时数 $1870\sim2225h$，霜期 $119\sim147d$。多年平均降水量为 1177mm，其中约 60%集中在 $5\sim9$ 月的汛期；多年平均水面蒸发量为 822mm[①]（水利部太湖流域管理局，2009）。

太湖流域河网如织，湖泊棋布，是我国著名的平原河网区。流域水面面积达 $5551km^2$，水面率为 15%；河道总长约 12 万 km，河道密度达 3.3km/km^2。流域河道水面平均坡降约十万分之一；水流流速缓慢，汛期一般仅为 $0.3\sim0.5m/s$；河网尾闾受潮汐顶托影响，流向表现为往复流。流域水面面积在 $0.5km^2$ 以上的大小湖泊有 189 个，总水面面积 $3159km^2$，蓄水量 57.7 亿 m^3，其中太湖水面面积 $2338km^2$，多年平均蓄水量 44 亿 m^3。流域水系以太湖为中心，分上游水系和下游水系。上游水系主要为西部山丘区独立水系，包括苕溪水系、南河水系及洮滆水系；下游

---

① 上海东南工程咨询有限责任公司. 2015. 太湖流域水资源水环境承载力研究方案报告.

主要为平原河网水系，包括东部黄浦江水系、北部沿长江水系和东南部沿长江口、杭州湾水系。京杭大运河贯穿流域腹地及下游水系，是流域重要的内河航道①。

太湖流域为水资源一级区长江区中的二级区，按照行政分区和地形特点，又分为 4 个三级区和 8 个四级区，如图 2.1 和表 2.1 所示。

图 2.1　太湖流域水资源分区图

表 2.1　太湖流域水资源分区及行政分区表

水资源分区		省级行政区	计算面积/km²	占流域/%
三级区	四级区			
湖西及湖区	湖西区	江苏	7481	20.28
		安徽	68	0.18
		小计	7549	20.46
	浙西区	浙江	5774	15.65
		安徽	157	0.43
		小计	5931	16.08
	太湖区	江苏	3192	8.65
	合计		16672	45.19

---

① 上海东南工程咨询有限责任公司. 2015. 太湖流域水资源水环境承载力研究方案报告.

续表

水资源分区		省级行政区	计算面积/km²	占流域/%
三级区	四级区			
武阳区	武澄锡虞区	江苏	3928	10.65
	阳澄淀泖区	江苏	4234	11.48
		上海	159	0.43
		小计	4393	11.91
	合计		8321	22.55
杭嘉湖区	杭嘉湖区	江苏	564	1.53
		浙江	6321	17.13
		上海	551	1.49
	合计		7436	20.15
黄浦江区	浦东区	上海	2301	6.24
	浦西区	上海	2165	5.87
	合计		4466	12.1
太湖流域		江苏	19399	52.58
		浙江	12095	32.78
		上海	5176	14.03
		安徽	225	0.61
		总计	36895	100

注：根据江苏、浙江两省人民政府联合签订的行政区域界线协议书，太湖区中浙江省约有 5km² 的面积。

2.2　社会经济发展特征

　　太湖流域位于长江三角洲的核心地区，是我国经济最发达、大中城市最密集的地区之一，地理和战略优势突出。流域内分布有特大城市上海，大中城市杭州、苏州、无锡、常州、镇江、嘉兴、湖州及迅速发展的众多小城市和建制镇，已形成等级齐全、群体结构日趋合理的城镇体系。

　　流域内人口密集、产业密集。2013 年太湖流域总人口 5971 万人，占全国总人口的 4.4%，城镇化率达 77.6%，人口密度约 1600 人/km²；GDP 57957 亿元，占全国 GDP 的 10.2%；人均 GDP 9.7 万元，是全国人均 GDP 的 2.3 倍。流域总耕地面积 1733 万亩[①]，人均耕地不到 0.30 亩，三产比例为 1.76：45.65：52.60。

---

① 1 亩≈666.7m²。

2.2.1　时间变化

1. 人口规模

2013 年流域总人口数为 5971 万人，较 2005 年净增 1438 万人，2005～2013 年人口年均增长率为 3.5%，平均每年增加近 180 万人。人口结构呈现城镇人口不断增加，农村人口逐渐减少的趋势。流域人口密度较高，2013 年平均人口密度为 1618 人/km²，人口空间分布呈现东密西疏的特点。

流域城镇化率不断提高，2013 年流域城镇化率为 78.4%，较 2005 年增加了 10.8 个百分点。

2005～2013 年流域总人口及城镇化率变化情况如图 2.2 所示，详见表 2.2。2009 年前城镇化率增加比较缓慢，2009 年、2010 年快速增加，2011 年及之后保持稳步增长。

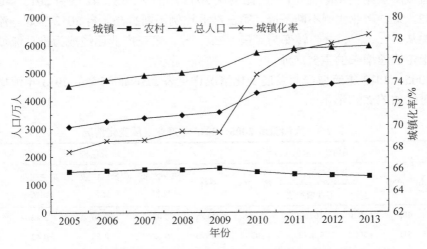

图 2.2　太湖流域 2005～2013 年人口及城镇化率变化情况

表 2.2　太湖流域 2005～2013 年人口及城镇化率变化情况

年份	人口/万人			城镇化率/%	总人口增长率/%
	城镇	农村	总人口		
2005	3066	1468	4533	67.6	
2006	3251	1490	4741	68.6	4.6
2007	3379	1538	4917	68.7	3.7
2008	3480	1527	5007	69.5	1.8
2009	3580	1579	5159	69.4	3.0

年份	人口/万人			城镇化率/%	总人口增长率/%
	城镇	农村	总人口		
2010	4278	1446	5724	74.7	11.0
2011	4518	1360	5879	76.9	2.7
2012	4595	1326	5920	77.6	0.7
2013	4683	1288	5971	78.4	0.9

2. 经济及产业结构

太湖流域是全国经济最发达的地区之一,2013 年国内生产总值达 57957 亿元,与 2005 年相比,年均增长率为 13.4%[①]。2013 年人均 GDP 达到 9.7 万元,较 2005 年翻一番。

流域产业结构不断优化,三产比例从 2005 年的 2∶56∶42 变为 2013 年的 2∶46∶52,第二产业比例不断下降,第三产业比例不断提高。自 2012 年起,流域产业结构从"二、三、一"转变为"三、二、一",第三产业已经成为推动流域国民经济稳定快速增长的重要产业。

2005~2013 年流域产业发展变化情况详见表 2.3,2005 年、2013 年流域产业结构对比如图 2.3 所示。

表 2.3 太湖流域 2005~2013 年产业发展变化情况

年份	国内生产总值/亿元					产业结构			GDP 增长率
	第一产业	第二产业		第三产业	合计	第一产业 比例	第二产业 比例	第三产业 比例	
		小计	工业增加值						
2005	488	11880	10762	8758	21125	0.02	0.56	0.42	
2006	516	13602	12012	10352	24470	0.02	0.56	0.42	0.158
2007	585	15746	14322	12317	28648	0.02	0.55	0.43	0.171
2008	598	17577	16305	14934	33109	0.02	0.53	0.45	0.156
2009	721	18279	16477	17825	36824	0.02	0.5	0.48	0.112
2010	793	21414	20197	20698	42904	0.02	0.5	0.48	0.165
2011	903	24307	22742	23170	48379	0.02	0.5	0.48	0.128
2012	975	25561	22627	27652	54188	0.02	0.47	0.51	0.12
2013	1017	26454	24407	30485	57957	0.02	0.46	0.52	0.07

---

① 均采用当年价计算,未折算至同一年份。

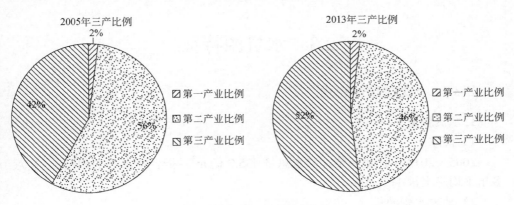

图 2.3　太湖流域三产结构变化图

2.2.2　空间差异性

流域内社会经济发展规模呈现明显的空间差异性。流域内人口规模、经济总量及城镇化率均呈西低东高、南低北高的趋势；各水资源四级分区中，黄浦江区人口数最多、经济总量最大、城镇化率最高，其次是阳澄淀泖区、武澄锡虞区，上游的湖西区、浙西区人口规模、经济总量、城镇化率明显低于下游地区，湖西和杭嘉湖区农业用地面积较大，具体详见表 2.4。

表 2.4　四级区社会经济各项指标

分区		人口/万人		城镇化率/%	GDP/亿元	工业增加值/万元	农田有效灌溉面积/万亩
		小计	其中城镇				
水资源四级区	浙西区	216.1	106.8	49.40	1156.2	598.9	145.5
	湖西区	603.4	340.6	56.40	3733.4	1917.5	378.4
	太湖区	—		—	—	—	—
	武澄锡虞区	719.4	548.6	76.30	6650.6	3404.2	171.8
	阳澄淀泖区	997.9	714.3	71.60	8860.8	4670.7	296.2
	杭嘉湖区	1055.4	660.1	62.50	6493.8	2780.6	413.7
	黄浦江区	2142.2	1951.6	91.10	16491	6262.8	195.6
合计		5734.3	4321.9	75.40	43385.9	19634.8	1601.2

本节内容来自上海东南工程咨询有限责任公司[①]。

---

① 上海东南工程咨询有限责任公司. 2015. 太湖流域水资源水环境承载力研究方案报告.

2.3 水资源特征

2.3.1 流域水资源特征

1. 水资源量

1）降水

2005～2013 年，流域年均降水总量 435.7 亿 m^3，折合降水深 1181mm，接近多年平均降水量 1171mm。

2）地表水资源量

2005～2013 年，流域年均地表水资源量为 167.9 亿 m^3，折合年径流深 455mm。

3）地下水资源量

太湖流域地下水计算面积为 2.87 万 km^2（已扣除了不透水面积），其中山丘区 0.87 万 km^2，占 30.3%；平原区 2.00 万 km^2，占 69.7%。2005～2013 年，流域年平均地下水资源量为 44.7 亿 m^3，其中山丘区为 10.5 亿 m^3，平原区为 35.1 亿 m^3，山丘区与平原区之间的重复计算量为 0.9 亿 m^3。

4）水资源总量

2005～2013 年，流域年均水资源总量 188.7 亿 m^3，其中地表水资源量为 167.9 亿 m^3，约占水资源总量的 89%，地下水资源量与地表水资源量的重复计算量为 23.9 亿 m^3，约占水资源总量的 12.67%。年均水资源总量接近流域多年平均水资源总量，但年际变化较大，最小的年份 2005 年流域水资源总量仅为 133.7 亿 m^3，最大的年份 2009 年流域水资源总量则达 248.1 亿 m^3，详见表 2.5 和图 2.4。

表 2.5　太湖流域 2005～2013 年水资源量

年份	降水量 /mm	降水频率/%	降水总量 /亿 m^3	水资源量/亿 m^3				产水系数
				地表水资源量	地下水资源量	水资源总量	地表水与地下水重复量	
2005	1043	0.75	384.7	118.8	39.4	133.7	24.5	0.35
2006	1085	0.69	400.2	130.4	40.6	146.2	24.8	0.37
2007	1151	0.6	424.7	155.4	43.8	172.7	26.5	0.41
2008	1214	0.4	448.1	175.7	45.7	199.4	22	0.44
2009	1347	0.19	497.1	222	49.6	248.1	23.5	0.5
2010	1222	0.38	451	187.1	46.7	209.8	24	0.47
2011	1119	0.6	412.8	174.8	43.7	195	23.5	30.47

续表

| 年份 | 降水量 /mm | 降水频率/% | 降水总量 /亿 m³ | 水资源量/亿 m³ | | | | 产水系数 |
				地表水资源量	地下水资源量	水资源总量	地表水与地下水重复量	
2012	1355	0.17	500	207.3	51.6	233.3	25.6	0.47
2013	1091	0.66	402.4	139.9	41.5	160.5	20.9	0.4
多年平均	1181	—	435.7	167.9	44.7	188.7	23.9	0.43

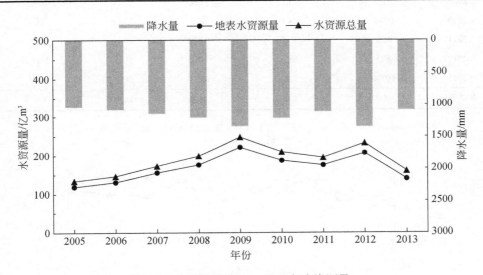

图 2.4　太湖流域 2005～2013 年水资源量

太湖流域虽降雨丰沛，但人均水资源量较低，2013 年人均水资源为 297m³，仅为全国人均水资源量 2100m³ 的 14.1%，不足世界平均水平的 4%。

5）引江量

2005～2013 年，流域年均引江量为 95.9 亿 m³，其中沿长江口门（不含黄浦江）引水量为 87.4 亿 m³，沿钱塘江口门（杭州市）引水量为 8.5 亿 m³。受降雨、社会经济用水等因素影响，2005～2013 年流域引江量呈波动增长趋势，从 2005 年的 86.6 亿 m³ 增加至 2013 年的 103.4 亿 m³，其中 2007 年受蓝藻暴发影响，引江量较前一年增加较大，2010 年则为了保障世界博览会期间下游供水安全，引江量增加明显，其余年份基本呈稳定增长趋势。沿钱塘江口门（杭州市）引水量则呈持续增加趋势，详见表 2.6 和图 2.5。

长江口门引江量（不含黄浦江）（表 2.6）中，常熟枢纽年均引江量占比为 22.4%，接近流域引江量的四分之一。

表 2.6　太湖流域 2005～2013 年引江量

年份	总引江量/亿 m³	沿长江口门（不含黄浦江）/亿 m³	其中常熟枢纽/亿 m³	常熟枢纽引江比重/%	沿钱塘江口门（杭州市）/亿 m³
2005	86.6	81.3	9.56	11.80	5.3
2006	88.7	85.6	14.59	17.00	3.1
2007	101.9	98.2	23.33	23.80	3.7
2008	91.3	81.8	22.03	26.90	9.5
2009	83.9	73.1	13.02	17.80	10.8
2010	109.1	98.1	23.6	24.10	11
2011	98.9	87.9	31.71	36.10	11
2012	99.5	88.8	16.02	18.00	10.7
2013	103.4	92.2	22.24	24.10	11.2
多年平均	95.9	87.4	19.6	22.40	8.5

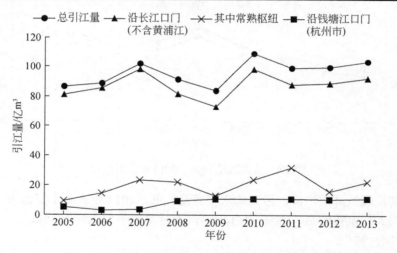

图 2.5　太湖流域 2005～2013 年引江量变化趋势图

2. 供水量

2005～2013 年流域供水量变化、供水结构分别如图 2.6 和图 2.7 所示。

2005～2013 年，太湖流域年均供水量 357.8 亿 m³，总供水量整体呈缓慢增加趋势，2007 年的总供水量达到极值，为 372.7 亿 m³（表 2.7），之后受金融危机影响，总供水量基本维持在 350 亿 m³ 左右的规模。

流域以地表水供水为主，地表水源供水量 356.6 亿 m³，占总供水量的 99.7%，地下水资源供水量 1.1 亿 m³，其他水源供水量为 0.1 亿 m³（表 2.7）。

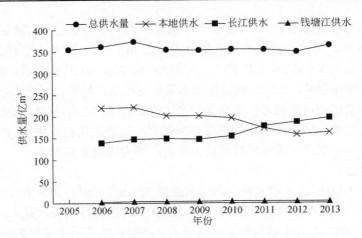

图 2.6　太湖流域 2005~2013 年供水量变化趋势图

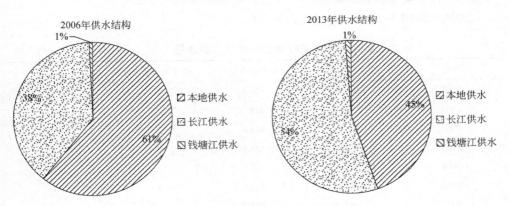

图 2.7　太湖流域 2006 年、2013 年供水结构

表 2.7　太湖流域 2005~2013 年供水量　　　　　（单位：亿 m³）

年份	总供水量	地表水源	地下水源	其他水源	本地水源	长江供水	钱塘江供水
2005	354.5	352.1	2.2	0.2	—	—	—
2006	361.1	359.3	1.8	0	219.8	138.9	2.4
2007	372.7	371.2	1.5	0	221.7	147.4	3.6
2008	354.6	353.1	1.5	0	201.9	148.9	3.8
2009	353.3	352.1	1.1	0.1	202.1	147.4	3.8
2010	355.4	354.7	0.6	0.07	196.6	154.5	4.3
2011	354.8	354.3	0.4	0.1	172.6	178.2	4
2012	349.5	349.1	0.3	0.1	157.9	187.5	4.1
2013	364.3	363.7	0.2	0.4	163	197.2	4.1
多年平均	357.8	356.6	1.1	0.1	192	162.5	3.8

流域本地水资源不足，常年依靠调引长江水和上下游重复利用满足用水需求。2005～2013 年，本地水源年均供水量为 192 亿 m^3，长江供水量为 162.5 亿 m^3，钱塘江供水量为 3.8 亿 m^3（表 2.7）。从供水结构年际变化趋势来看，本地供水量整体呈逐年减少趋势，长江、钱塘江供水量呈逐年增长趋势，至 2013 年，长江和钱塘江供水量已超过流域总供水量的一半（图 2.6，表 2.7）。流域社会经济发展对长江、钱塘江等过境水量的依赖程度越来越高，这是太湖流域供水的一个显著特征，也是今后开展水资源水环境承载力分析必须考虑的重要因素。

3. 用水量

2005～2013 年，太湖流域年均用水总量 357.8 亿 m^3，其中生活用水量 28.1 亿 m^3，占 8%；生产用水量 325.5 亿 m^3，占 91%；生态环境补水量 4.2 亿 m^3，占 1%。2005～2013 年，生活用水量呈缓慢上升趋势，生产用水量呈波动稳定趋势，生态环境补水量总体稳定。

2005～2013 年流域用水量详见表 2.8。

表 2.8　太湖流域 2005～2013 年用水量　（单位：亿 m^3）

年份	生活用水量	生产用水量	生态环境补水量	用水总量
2005	24.4	320.2	9.9	354.5
2006	25.2	328.1	7.8	361.1
2007	26.6	343.6	2.5	372.7
2008	27.7	324.3	2.6	354.6
2009	28.5	321.8	3	353.3
2010	28.9	323.4	3.1	355.4
2011	29.7	322.4	2.7	354.8
2012	30.4	316.3	2.8	349.5
2013	31.7	329.5	3.1	364.3
年均	28.1	325.5	4.2	357.8

从生产用水变化趋势来看，2005～2013 年，流域年均生产用水量为 325.5 亿 m^3，除 2007 年外，年际间差别不大。从生产用水结构来看，第一产业用水量为 92.9 亿 m^3，占 28.5%；第二产业用水量为 216.7 亿 m^3，占 66.6%；第三产业用水量为 15.9 亿 m^3，仅占 4.9%。

从各产业用水量变化趋势来看，第一产业用水量呈逐步下降趋势，林牧渔畜用水量较为稳定，农田灌溉用水量则受耕地面积减少、农业节水水平提高等因素影响明显减少，9 年间农田灌溉用水量约减少 15 亿 m^3；第二产业用水量 2007 年前增加较快，2007 年后受金融危机、流域产业结构调整、用水效率提高等影响，用水量略有下降，慢慢趋于稳定；第三产业用水量则呈缓慢增加趋势。各产业用水量及变化趋势详见表 2.9，图 2.8。

表 2.9　太湖流域 2005～2013 年生产用水量　　　（单位：亿 m³）

年份	第一产业			第二产业				第三产业	生产用水量
	合计	农田灌溉	林牧渔畜	合计	工业用水	火核电工业	建筑业		
2005	103.3	90.5	12.8	204.9	202.7	153	2.2	12	320.2
2006	98.7	86.2	12.5	216.2	214.2	165.2	2	13.2	328.1
2007	94.1	80.5	13.6	235.3	233.1	182.9	2.2	14.2	343.6
2008	89.5	74.5	15	219.8	217.5	170	2.3	15	324.3
2009	91.1	75.3	15.8	214.9	212.5	167.6	2.4	15.8	321.8
2010	92.2	76.6	15.6	214.9	212.5	166.4	2.4	16.3	323.4
2011	88.4	73.5	14.9	215.4	213.7	168.2	1.7	18.6	322.4
2012	87.7	72.1	15.6	209.8	207.9	163.4	1.9	18.8	316.3
2013	90.8	75.8	15	219.1	217.3	173.5	1.8	19.6	329.5
年均	92.9	78.3	14.5	216.7	214.6	167.8	2.1	15.9	325.5

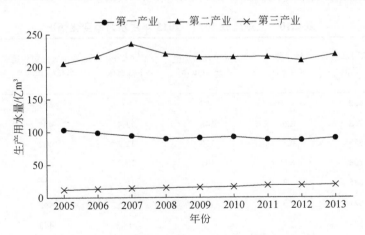

图 2.8　太湖流域 2005～2013 年生产用水量趋势图

随着流域人口的增长，流域生活用水量呈上升趋势，城镇人口的大幅增长导致城镇居民生活用水量增长较快。2005～2013 年流域生活用水量变化趋势如图 2.9 所示。

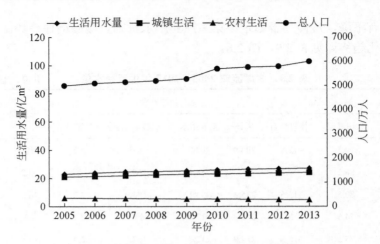

图 2.9　太湖流域 2005～2013 年生活用水量变化趋势

4. 用水效率

2013 年，太湖流域人均用水量 610m³/a，万元 GDP 用水量 62.8m³，城镇居民生活用水量为 156L/（人·d）。2005～2013 年，人均用水量、万元工业增加值用水量[①]均呈现下降趋势，但农田灌溉亩均用水量受降雨影响呈波动状态。2005～2013 年流域用水效率变化情况详见表 2.10 和图 2.10。

表 2.10　太湖流域 2005～2013 年用水效率变化情况

年份	人均用水量 /（m³/a）	较上年 下降率/%	万元工业增加值 用水量/（m³/a）	较上年 下降率/%	农田灌溉亩均用 水量/（m³/a）	较上年 下降率/%
2005	782	—	167	—	501	—
2006	762	2.6	148	11.4	463	7.6
2007	758	0.5	130	12.2	462	0.2
2008	708	6.6	107	17.7	423	8.4
2009	685	3.2	96	10.3	432	−2.1
2010	621	9.3	83	13.5	445	−3.0
2011	604	2.7	94	−13.3	445	0.0
2012	590	2.3	92	2.1	436	2.0
2013	610	−3.4	89	3.3	514	−17.9

① 此分析数据中的经济数据均为当年价，并未折算至同一年份。

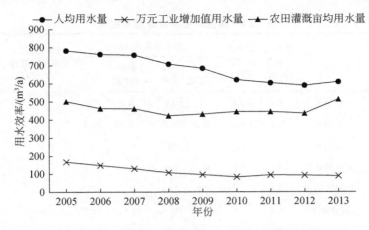

图 2.10 太湖流域 2005～2013 年用水效率趋势

与国内平均水平相比，太湖流域现状用水效率相对较高，但与节水先进地区和高收入国家相比，流域水资源利用效率仍有提升空间。流域与其他地区用水效率对比见表 2.11。

表 2.11 太湖流域与其他地区用水效率对照表

地区	人均用水量 /（m³/a）	万美元 GDP 用水量 /（m³/a）	城镇居民生活用水量 /［L/（人·d）］
太湖流域	610	402	156
中国平均	454	1712	131
高收入国家	1000	367	160～200
世界平均	630	1218	

注：太湖流域数据为 2013 年，中国平均数据为 2011 年。高收入国家和世界平均用水量数据引自联合国粮食及农业组织（FAO）水资源数据库。

2.3.2 区域水资源特征

1. 水资源量

在水资源量方面，各分区总水资源量包括本地水资源量和外来水量，其中外来水量对流域而言主要是沿江口门引水量，对各水资源分区而言包括口门引江量、太湖来水、上游分区来水量（主要考虑了杭嘉湖区东苕溪来水和黄浦江区黄浦江上游来水）三个方面。各分区总水资源量组成详见表 2.12 和图 2.11。

表 2.12　四级区总水资源量及组成

分区		地表水资源量/亿 m³	本地水资源量/亿 m³	外来水量/亿 m³				外来水量占总水资源量的比例/%	总水资源量/亿 m³
				口门引江量	太湖来水	上游分区来水量	小计		
水资源四级区	浙西区	42.8	42.8	0	15	0	15	26	57.8
	湖西区	27.2	29.6	32.2	0.2	0	32.4	52	62
	太湖区	7.7	8.5	0	0	0	0	0	8.5
	武澄锡虞区	14.8	17.3	20.7	9.4	0	30.1	63	47.4
	阳澄淀泖区	14.8	16.9	4.7	22.4	0	27	62	43.9
	杭嘉湖区	35.8	41.5	0	16.9	31.5	48.4	54	89.9
	黄浦江区	17	19.3	18.2	0	148.3	166.5	90	185.8
合计		160.1	175.9	75.8					251.7

注：河道来水量杭嘉湖区按全年东苕溪湖州段排入杭嘉湖平原水量 31.5 亿 m³ 估算；黄浦江区上游来水量可近似按黄浦江松浦大桥站净泄水量估算，2010 年黄浦江松浦大桥站净泄水量为 148.3 亿 m³。

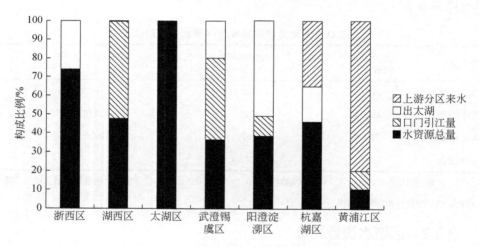

图 2.11　四级区水资源来源构成比例图

太湖流域多年平均地表水资源量为 160.1 亿 m³，本地水资源量为 175.9 亿 m³，2010 年沿江口门引江量为 75.8 亿 m³，总水资源量为 251.7 亿 m³。其中，浙西区本地水资源量最大，占流域的 24.3%；湖西区口门引江量最大，占流域的 42.5%；阳澄淀泖区太湖来水量最大，黄浦江区的上游分区来水量最大，远超过其本地水资源量。

从各分区总水资源量来源构成（表 2.12，图 2.11）可知，浙西区的总水资源量主要是本地水资源量，占比 74.05%；湖西区的口门引江量占总水资源量的 51.94%，本地水资源量占比 47.74%；武澄锡虞区的总水资源量中外来水量占 64%，其中口门引江量占 43.67%，太湖来水占 19.83%，本地水资源量占比 36.50%；阳澄淀泖区太湖来水占比 51.03%，其余为本地水资源量和口门引江量；杭嘉湖区本地水资源量占比 46.16%，上游分区来水量占 35.04%；黄浦江区外来水量为 90%，其中上游分区来水占 79.8%。除浙西区和太湖区以本地水资源量为主外，其余各分区外来水量占比均过半，湖西区主要依靠长江引水，武澄锡虞区、阳澄淀泖区以长江、太湖来水为主，黄浦江区外来水量达 90%，主要来自黄浦江上游河道。

2. 供用水量

太湖流域各四级分区的供水量按照工程取水地点可分为本地供水量（内部河湖供水）和非本地供水量（来自分界河道，包括长江、钱塘江、太湖、望虞河、太浦河等）（表 2.13）。

表 2.13　各四级区取水量

分区		总供水量/亿 m³	本地供水/亿 m³	本地供水占总供用水比例/%	非本地供水/亿 m³					
					小计	沿江及钱塘江		重要河湖		
						长江	钱塘江	太湖	望虞河	太浦河
水资源四级区	浙西区	12.9	12.9	100	0	0	0	0	0	0
	湖西区	51.79	32.59	63	19.19	19.18	0	0.01	0	0
	太湖区	—	—	—	—	—	—	—	—	—
	武澄锡虞区	52.29	12.96	25	39.32	36.92	0	2.33	0.08	0
	阳澄淀泖区	76.74	28.85	38	47.89	36.4	0	11.43	0.04	0.02
	杭嘉湖区	43.67	37.79	87	5.88	0	4.3	0	0	1.58
	黄浦江区	117.77	53.94	46	63.83	62	0	0	0	1.83
合计		355.15	179.03	50	176.11	154.5	4.3			

从各四级分区供水量的组成来看，浙西区全部为本地供水，杭嘉湖区、湖西区以本地供水为主，占六到八成，武澄锡虞区、阳澄淀泖区、黄浦江区则对非本地供水的依赖度较高，达到五成以上，见表 2.13 和图 2.12。

流域各四级分区用水量可分为生活、工业、农业和生态环境用水量四个部分，见表 2.14 和图 2.13。

从用水结构来看，下游地区工业用水总量比例较高，上游地区农业用水比例较高。位于流域下游的武澄锡虞区、阳澄淀泖区和黄浦江区的工业用水量占比近七成左右，湖西区工业用水比重一半多，浙西区和杭嘉湖区工业用水比重较小；

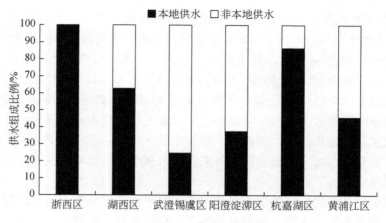

图 2.12　各四级区供水组成图

浙西区、杭嘉湖区、湖西区农业用水量占比较大。另外，杭嘉湖区、黄浦江区生活用水量占比相对较高，见表 2.14 和图 2.13。

表 2.14　四级区用水量表

分区		总用水量/亿 m³	生活用水量/亿 m³	工业用水量/亿 m³		农业用水量/亿 m³	生态环境用水量/亿 m³
				小计	其中火核电		
水资源四级区	浙西区	12.90	1.48	3.02	0.12	8.19	0.21
	湖西区	51.79	3.91	26.55	21.56	21.08	0.25
	太湖区	—	—	—	—	—	—
	武澄锡虞区	52.29	5.35	36.21	28.31	10.29	0.44
	阳澄淀泖区	76.74	7.22	51.30	42.43	17.84	0.38
	杭嘉湖区	43.67	8.09	12.33	1.09	22.76	0.49
	黄浦江区	117.77	22.41	83.21	72.89	11.02	1.13
合计		355.15	48.47	212.62	166.40	91.18	2.89

3. 水资源开发利用

选取人均 GDP、人均用水量、万元 GDP 用水量、万元工业增加值用水量、亩均灌溉用水量、水资源总体开发利用程度、本地供水与地表水资源量的比例等指标分析各四级区的水资源开发利用特征。

人均 GDP、人均用水量、万元 GDP 用水量、万元工业增加值用水量、亩均灌溉用水量这些指标的计算方法较为通用，水资源总体开发利用程度、本地供水与地表水资源量的比例的计算方法需反映流域的供用水特点，因此本书定义这两项指标的计算方法如下。

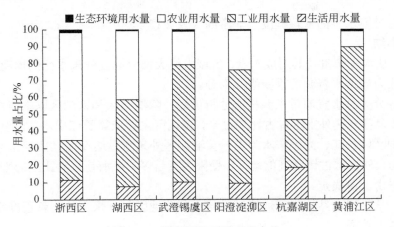

图 2.13　四级区各项用水量占比

（1）水资源总体开发利用程度=本地供水量/总水资源量。

（2）本地供水与地表水资源量的比例=本地供水量/本地地表水资源量。

武澄锡虞区、阳澄淀泖区、黄浦江区这三个分区人均 GDP 较高，而浙西区、湖西区、杭嘉湖区均低于流域平均水平；万元 GDP 用水量较大的为浙西区和湖西区，杭嘉湖区、黄浦江区、武澄锡虞区万元 GDP 用水量较低（表 2.15）。

表 2.15　四级区各项分析指标

	分区	人均 GDP /万元	人均用 水量/m³	万元 GDP 用水量 /m³	万元工业增加 值用水量 /m³	亩均灌溉 用水量 /m³	水资源总体 开发利用 程度/%	本地供水与 地表水资 源量的比例/%
	浙西区	5.35	597.1	111.6	50.5	432.4	22	30
	湖西区	6.19	858.2	138.7	138.5	450.5	53	120
	太湖区	—	—	—	—	—	—	—
水资源 四级区	武澄锡虞区	9.25	726.8	78.6	106.4	515.8	27	88
	阳澄淀泖区	8.88	769.0	86.6	109.8	504.7	66	195
	杭嘉湖区	6.15	413.8	67.2	44.3	453.8	42	106
	黄浦江区	7.70	549.8	71.4	132.9	537.0	29	317
整个四级区		7.57	619.3	81.9	108.3	477.2	65	112

从水资源总体开发利用程度来看，湖西区、阳澄淀泖区和杭嘉湖区域超过国际公认的水资源开发利用率 40%的警戒线，开发利用程度较高。对本地供水与地表水资源量的比例分析可知，流域平均水平达到 112%，可见流域地表水资源量严重不足，其中黄浦江区达到 317%，阳澄淀泖区达到 195%，湖西区为 120%，这

些区域对过境水量的依赖程度已非常高（表 2.15）。

4. 小结

（1）从水资源量及其组成来看，流域内绝大部分地区外来水比例均超过一半，外来水成为当地水资源的重要组成部分。

从各分区总水资源量来源构成分析可知，除浙西区和太湖区以本地水资源为主外，其余各分区外来水量占比均过半，湖西区主要依靠长江引水，武澄锡虞区、阳澄淀泖区以长江、太湖来水为主，黄浦江区外来水量达 90%，主要来自黄浦江上游河道。外来水占比越高的地区，受限因素越多，特别是黄浦江区的来水水量、水质几乎由上游决定。

（2）从供用水结构来看，流域内绝大部分地区对外来水的依赖程度很高，自我调控能力较弱。

流域内除浙西区外，其余各区域均需依靠长江、钱塘江及流域内一湖两河供水，武澄锡虞区、阳澄淀泖区、黄浦江区本地供水比例均不到一半，未来经济发展、产业布局等受引水量、水资源配置格局等影响较大。

（3）从水资源开发利用程度来看，现状水资源条件下，部分区域已经超过水资源开发利用警戒线。

根据水资源开发利用程度分析结果，湖西区、阳澄淀泖区、杭嘉湖区水资源总体开发利用程度已经超过国际公认的水资源开发利用率 40%的警戒线，社会经济发展对水资源系统已经产生较大压力。在现状水资源条件下，已不能再扩大用水规模，必须依靠调整产业结构、提高用水效率，或者增加区域水资源量来支撑未来的发展。

（4）从水资源量的组成、供用水结构、水资源开发利用程度综合分析，不同分区承载力差异显著，总体处于超载情况。

浙西区本地水资源量较大，供用水过程中对非本地水资源的依赖度小，且现状水资源开发利用程度较低，尚有进一步承载社会经济人口发展的空间；下游分区尤其是武澄锡虞区、阳澄淀泖区、黄浦江区，社会经济用水严重依赖外来水量，水资源开发利用强度较高，承载力处于超载范畴，当流域不同分区发生竞争用水的情况时，下游分区社会经济人口发展将受到显著制约。

本节内容来自上海东南工程咨询有限责任公司[①]。

---

① 上海东南工程咨询有限责任公司. 2015. 太湖流域水资源水环境承载力研究方案报告.

2.4   水环境特征

2.4.1   流域水环境特征

1. 废污水排放量

2005～2013 年，太湖流域年均废污水排放量为 63.0 亿 t，其中城镇居民生活污水量为 17.0 亿 t，第二产业（未计火核电直流冷却水）废污水排放量为 34.0 亿 t，第三产业废污水排放量为 12.1 亿 t，具体详见表 2.16。

表 2.16   太湖流域 2005～2013 年废污水排放量　　　　　　　（单位：亿 t）

年份	总量	城镇居民生活污水	第二产业（未计火核电直流冷却水）	第三产业
2005	60.4	15.0	36.0	9.4
2006	62.1	16.1	36.3	9.7
2007	63.0	16.5	35.7	10.8
2008	63.3	16.6	34.9	11.8
2009	62.4	17.0	32.8	12.6
2010	63.2	16.9	33.4	12.9
2011	63.7	17.3	32.8	13.6
2012	64.3	18.2	32.1	14.0
2013	64.7	19.0	31.6	14.1
年均	63.0	17.0	34.0	12.1

2005～2013 年废污水排放量呈增长趋势，城镇居民生活污水和第三产业废污水排放量均呈增长趋势，第二产业（未计火核电直流冷却水）废污水排放量则呈缓慢下降趋势，如图 2.14 所示。

从废污水排放结构上看，第二产业（未计火核电直流冷却水）废污水排放量占到总排放量的一半以上，其次是城镇居民生活污水排放量，如图 2.15 所示。2005～2013 年流域废污水排放量占用水量的比例详见表 2.17。

从废污水排放量占用水量的比例（表 2.17）来看，2005～2013 年，城镇居民生活污水和第三产业废污水排放量均占其用水量的 75% 左右，第二产业废污水排放量占其用水量的 15% 左右。各产业及生活污水排放量占用水量的比例均有所降低，说明各产业的用水效率均明显提高；但从排放总量看，虽然第二产业排放总量持续降低，但第三产业、城镇居民生活废污水排放量仍呈升高趋势，流域废污水总排放量仍呈现上升趋势。

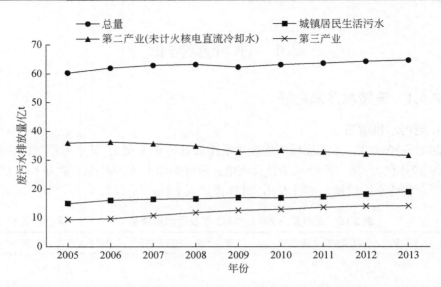

图 2.14　太湖流域 2005～2013 年废污水排放量趋势

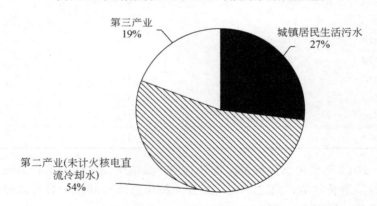

图 2.15　太湖流域 2005～2013 年废污水年均排放量结构

表 2.17　太湖流域 2005～2013 年废污水排放量占用水量的比例

年份	城镇居民生活污水/用水量	第二产业废污水排放量/用水量	第三产业废污水排放量/用水量
2005	0.79	0.18	0.78
2006	0.82	0.17	0.73
2007	0.79	0.15	0.76
2008	0.75	0.16	0.79
2009	0.75	0.15	0.80
2010	0.72	0.16	0.79

年份	城镇居民生活污水/用水量	第二产业废污水排放量/用水量	第三产业废污水排放量/用水量
2011	0.70	0.15	0.73
2012	0.72	0.15	0.74
2013	0.71	0.14	0.72
年均	0.75	0.16	0.76

2. 污染物入河量

受污染物排放量、入河量资料来源限制，本次分析主要根据《太湖流域水资源综合规划》《太湖流域水环境综合治理总体方案修编（水利部分）》《太湖流域水资源保护规划》等规划阶段收集的数据分析流域污染物入河量及变化情况。

从点源污染入河量来看，COD_{Cr}、$NH_3\text{-}N$ 入河量呈明显下降趋势，但面源占比则逐渐增加（表 2.18），说明流域点源污染治理成效显著，面源则逐渐成为影响流域河湖水环境的主要因素。

表 2.18　太湖流域近几年污染物入河量　　　　（单位：万 t/a）

年份	点源		面源		合计	
	COD_{Cr}	$NH_3\text{-}N$	COD_{Cr}	$NH_3\text{-}N$	COD_{Cr}	$NH_3\text{-}N$
2000	87.57	7.29	23.66	1.69	111.23	8.98
2011	47.5	6.4	46.6	3.3	94.1	9.7
2012	37.67	4.19	46.88	3.43	84.6	7.6

3. 水功能区达标率

根据 2007~2013 年太湖流域重点水功能区达标率统计，2012 年之前总体呈波动提高趋势（表 2.19）。水功能区达标率除受污染物排放量影响外，也受当年来水及地表水资源量等因素影响。

表 2.19　太湖流域 2007~2013 年水功能区达标情况

年份	评价数/个	达标数/个	达标率/%
2007	101	23	22.8
2008	99	33	33.3
2009	99	28	28.3
2010	103	35	34.0
2011	103	33	32.0
2012	101	39	38.6
2013	101	26	25.7

2.4.2 区域水环境特征

1. 污染入河量

根据已有统计结果，对流域 803 个水功能区（含省级水功能区）现状（2012～2013 年）污染物入河量、纳污能力、2020 年限排总量和 2030 年限排总量按照水资源四级区进行拆分。结果显示，各四级区 COD 现状污染物入河量均超过纳污能力，其中阳澄淀泖区污染物入河量为纳污能力的 1.9 倍，浙西区、武澄锡虞区、浦东区、杭嘉湖区约为 1.7 倍，湖西区、浦西区超标比例较低（图 2.16）。

与 COD 相比，NH₃-N 现状污染物入河量超出纳污能力相对更多，湖西区、阳澄淀泖区、浦东区、杭嘉湖区污染物入河量为纳污能力的两倍以上，浙西区、武澄锡虞区、浦西区相对超标比例较低（图 2.17）。

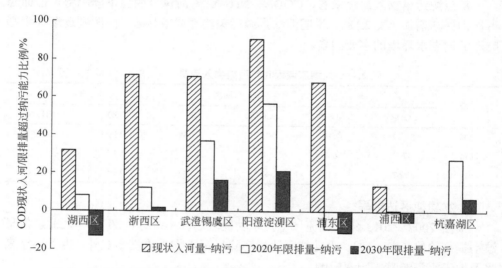

图 2.16　太湖流域四级区 COD 污染物入河量/纳污能力/限排总量差异分析图

为实现 2020 年及 2030 年限制排污总量目标，各四级区均面临污染物削减压力。与现状相比，浙西区、浦东区 COD 污染物削减压力相对较大；太湖区、浦东区 NH₃-N 污染物削减压力相对较大（图 2.18）。

2. 水质达标率

根据 2013～2014 年流域水功能区监测上报成果，采用高锰酸盐指数、氨氮两项指标年均值评价法，对有监测成果的 380 个水功能区中的 372 个水功能区达标率进行评价。

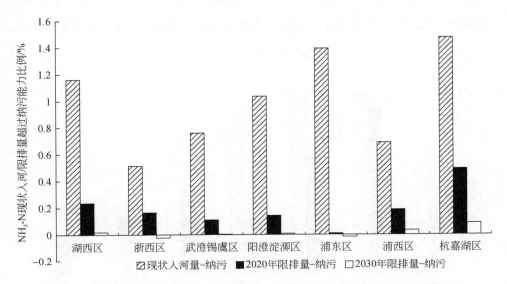

图 2.17　太湖流域四级区 NH_3-N 污染物入河量/纳污能力/限排总量差异分析图

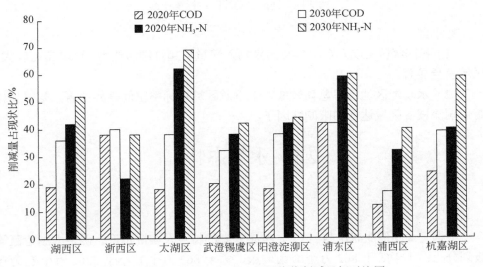

图 2.18　四级区 COD 和 NH_3-N 污染物削减目标对比图

评价结果显示，浙西区水功能区达标率最高，为 92.86%，太湖区、阳澄淀泖区达标率相对较高；武澄锡虞区、黄浦江区达标率较低，不到 20%。COD_{Mn} 达标率浙西区、太湖区、阳澄淀泖区均为 100%，武澄锡虞区、黄浦江区也较高，湖西区、杭嘉湖区相对较低；氨氮指标达标率除浙西区、太湖区相对较高以外，其他区域均不足 50%，其中武澄锡虞区、黄浦江区相对较低。从 COD_{Mn} 及氨氮指标达标率对比结果可见，氨氮指标是流域水功能区达标的限制性因子，如图 2.19 所示。

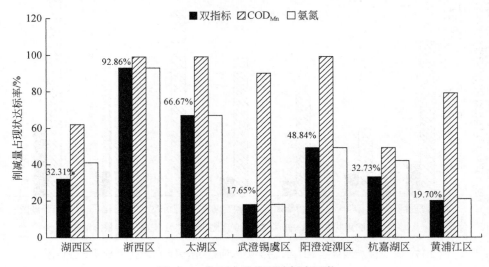

图 2.19　分区水功能区达标率评价

3. 小结

（1）各四级区 COD 及 NH_3-N 污染物入河量均超过纳污能力，削减压力较大，区域差异显著。

（2）水功能区达标率总体较低，上下游区域达标率空间差异显著，氨氮指标是影响流域各区域达标的限制性因子。

2.5　水生态特征

2.5.1　蓝藻

根据《太湖健康状况报告》[1]，考虑太湖的特点及实际情况，确定太湖蓝藻等级划分为：小于等于 862 万个/L 为健康，大于 862 万个/L 小于 3362 万个/L 为亚健康，大于等于 3362 万个/L 为不健康。由多年监测数据评价，1959~1979 年，太湖蓝藻分布较少，总体处于健康状态，20 世纪 90 年代以来，蓝藻分布有所增多，但总体仍然处于健康、亚健康状态，2013 年后，太湖蓝藻数量有所上升，虽然 2015 年有所降低，但仍处于不健康状态。各湖区中，东太湖健康状况最好，除 2009 年外，均处于健康状态，其次是东部沿岸区；贡湖、湖心区、五里湖、南部

---

① 水利部太湖流域管理局. 2007–2016. 太湖健康状况报告. http://www.tba.gov.cn.

沿岸区 90 年代曾出现过蓝藻分布较多的情况，90 年代以来基本呈波动状态，处于亚健康状态，2013 年后变为不健康状态；梅梁湖、西部沿岸区、竺山湖在 2000 年左右呈剧烈波动状态，2006～2011 年蓝藻数量显著降低，近年又有一定增加，目前处于不健康状态。

2.5.2　浮游生物

1961～2007 年全太湖及各区的浮游生物多样性指数（diversity index，DI）变化如图 2.20 所示。从太湖各个分区来看，竺山湖在 1987 年、2003 年浮游生物多样性指数较高，2005～2007 年的值明显低于 1961～2004 年；梅梁湖 1961～1993 年呈上升趋势，1998～2003 年逐年下降，2003～2007 年变化较为剧烈；五里湖的浮游生物多样性指数在 1987 年、1995 年和 2003 年值较高，2004 年最低，为 1.33；贡湖浮游生物多样性指数在 1987～2001 年呈 "V" 形变化，先降后升；东部沿岸区浮游生物多样性指数 1961 年以来存在逐年下降的趋势，1961 年最大，为 2.5，2007 年小于 1.0；1961～1994 年东太湖的浮游生物多样性指数值较高，其中 1987 年最高，为 3.09，1995 年开始下降，虽然 1999 年和 2001 年值均高于 2.20，但 2003 年突降至 0.83，从总体来看，东太湖浮游生物多样性指数有下降趋势；南部沿岸区浮游生物多样性指数 1987～1999 年逐年下降，2000 年浮游生物多样性指数变化较为剧烈，时升时降，总体而言，2003～2007 年浮游生物多样性指数相对较小，小于 1.5；西部沿岸区 1987～1999 年，浮游生物多样性指数逐年上升，但是 1999 年之后浮游生物多样性指数呈逐年下降的趋势，2007 年浮游生物多样性指数小于 0.5；湖心区 1987～1999 年浮游生物多样性指数呈逐年下降的趋势；2000～2004 年，除 2003 年外，其余年份浮游生物多样性指数相对较高，超过 1.4，但是 2005～2007 年较低，小于 0.8。

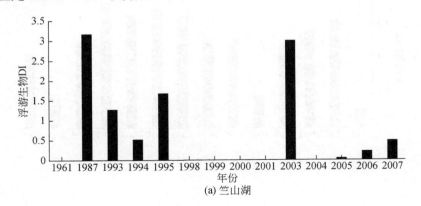

(a) 竺山湖

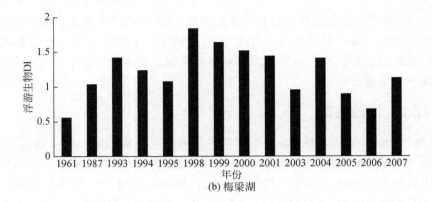

(b) 梅梁湖

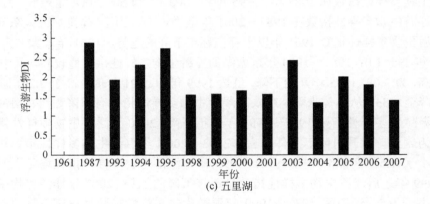

(c) 五里湖

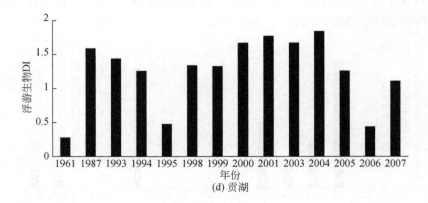

(d) 贡湖

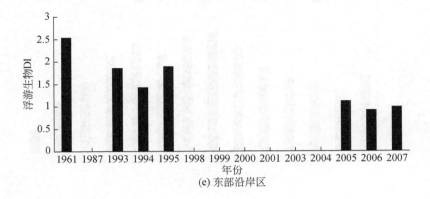

(e) 东部沿岸区

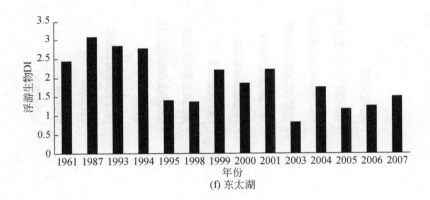

(f) 东太湖

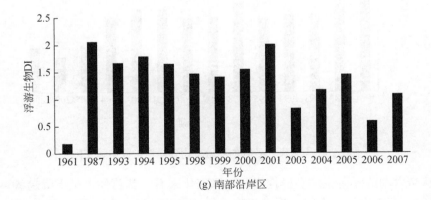

(g) 南部沿岸区

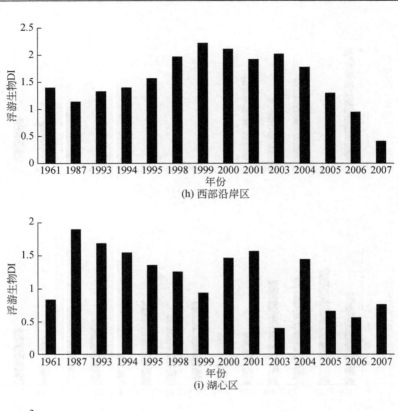

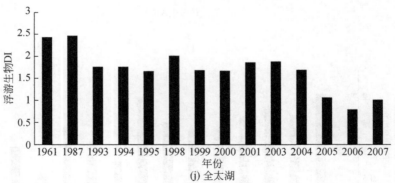

图 2.20　全太湖及各区的浮游生物多样性指数年际变化

　　从全太湖的浮游生物多样性指数年际变化来看，其总体上呈下降趋势。由于1959 年只有东太湖的资料，浮游生物多样性指数较低，为 1.80。而 1961～1987年浮游生物多样性指数值比较高，平均值为 2.45。1993～2004 年浮游生物多样性指数除 1998 年为 2.01 外，其他年份变化较小，平均值为 1.75。2005～2007 年浮游生物多样性指数呈现先减小后增大的趋势，平均值为 0.95[①]。

2010～2015 年太湖浮游植物 Shannon-Wiener（香农–威纳）指数呈现先增加后减小然后又增加的变化趋势（图 2.21）。太湖流域其他各湖区只有 2010～2013 年四年的数据，但从现有数据呈现出来的规律发现：①梅梁湖、贡湖、湖心区、西部沿岸区、东部沿岸区的浮游植物 Shannon-Wiener 指数均在 2010～2013 年增大然后减小；②竺山湖、东太湖和南部沿岸区 Shannon-Wiener 指数均呈现下降趋势；③五里湖的 Shannon-Wiener 指数变化复杂，先增加后减小然后又增加（图 2.22）。

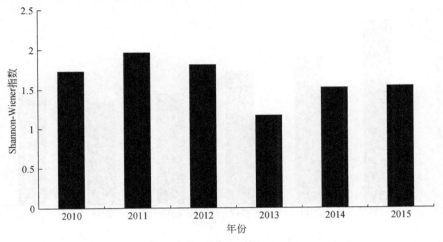

图 2.21　2010～2015 年太湖浮游植物 Shannon-Wiener 指数

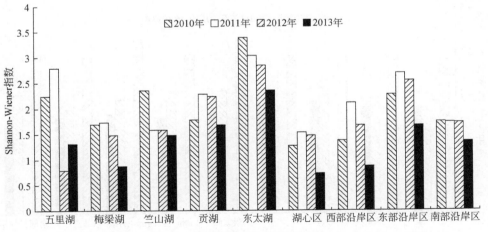

图 2.22　2010～2013 年太湖流域各湖区浮游植物 Shannon-Wiener 指数

① 水利部太湖流域管理局. 2007-2016. 太湖健康状况报告. http://www.tba.gov.cn.

2010～2015 年太湖浮游动物 Shannon-Wiener 指数呈现先减小（2010～2014年）后增加的变化趋势（图 2.23）。太湖流域其他各湖区只有 2010～2013 年四年的数据，但从现有数据呈现出来的规律发现：①竺山湖、东太湖的浮游动物 Shannon-Wiener 指数均在 2010～2011 年呈现下降趋势，2011～2012 年呈增加趋势，然后 2012～2013 年又呈下降趋势；②梅梁湖、贡湖、湖心区等其他湖区的浮游动物 Shannon-Wiener 指数均在 2010～2013 年呈减小趋势（图 2.24）。

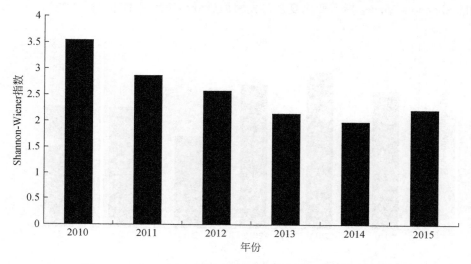

图 2.23　2010～2015 年太湖浮游动物 Shannon-Wiener 指数

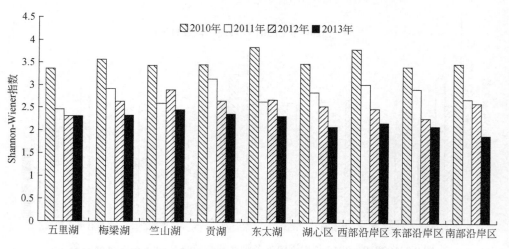

图 2.24　2010～2013 年太湖流域各湖区浮游动物 Shannon-Wiener 指数

一般而言，生物多样性指数越大，生态系统物种越丰富，湖泊的健康状况越好。从上述数据可以看出，1961～1987 年浮游生物多样性指数值比较高，反映了湖泊生态系统比较健康，1993～2004 年浮游生物多样性指数较高并且变化较小，反映了湖泊生态系统相对较健康，2005～2007 年浮游生物多样性指数较低，反映了湖泊生态系统健康状况较差，2010～2015 年浮游植物多样性指数先降低后增高，说明湖泊生态系统健康状况有所恢复。

2.5.3　原生动物

根据《太湖健康状况报告》[①]，考虑太湖的特点及实际情况，按原生动物数量将评价等级划分为：小于等于 1.41 万个/L 为健康，大于 1.41 万个/L 小于 5.47 万个/L 为亚健康，大于等于 5.47 万个/L 为不健康。

采用 1987～2014 年太湖及其他各湖区原生动物数量（具体如图 2.25 所示）进行评价。评价结果发现，2004 年以前，太湖原生动物数量较少，各湖区总体均处于健康状态。2005 年以后，原生动物数量较多，健康状况逐渐下降，这种问题突出表现在竺山湖、梅梁湖和五里湖等湖区中，这 3 个湖区 2005 年以后，梅梁湖由亚健康状态变成不健康状态，其他两个湖泊均直接变为不健康状态。2010 年之后监测结果显示，各湖区和太湖总体均恢复至健康状态。

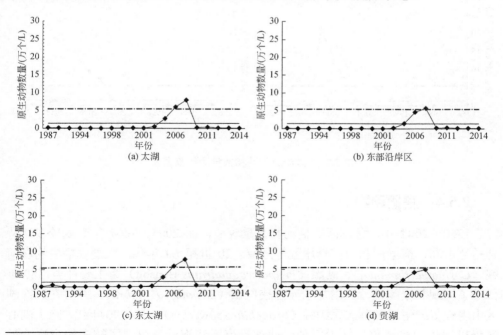

(a) 太湖　　(b) 东部沿岸区　　(c) 东太湖　　(d) 贡湖

① 水利部太湖流域管理局. 2007-2016. 太湖健康状况报告. http://www.tba.gov.cn.

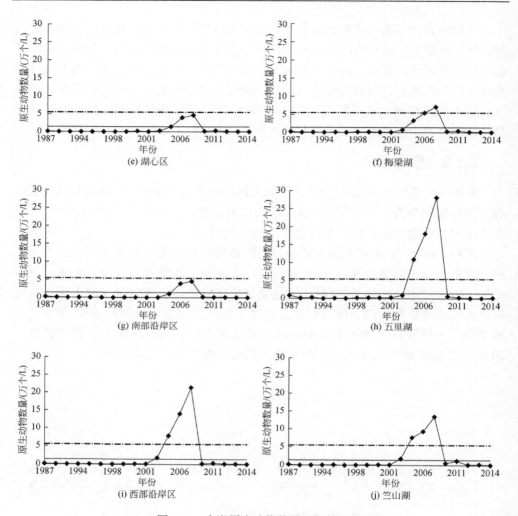

图 2.25　太湖原生动物数量历年数据表

2.5.4　底栖动物

1960～2002 年，各湖区底栖动物数量较少，而 2005～2007 年数量较多，特别是竺山湖、梅梁湖和西部沿岸区等区域。20 世纪 60 年代，太湖底栖生物以河蚬（*Corbicula fluminea*）、湖螺（*Viviparus quadratus* Benson）为主要种类。80 年代除了河蚬和湖螺外，又增加了光滑狭口螺（*Stenothyra glabra*），并且在局部湖区出现较多的耐污种苏式尾鳃蚓（*Branchiura sowerbyi*）。进入 90 年代，除了湖心区仍以河蚬和光滑狭口螺为主外，西部沿岸区和梅梁湖出现了较多的齿吻沙蚕

（*Nephthys* sp.）；五里湖和梁溪河入湖口区底栖动物组成已经主要变成耐污的摇蚊幼虫和寡毛类，主要种类有羽摇蚊幼虫（*Chironomus plumosus*）和克拉伯水丝蚓（*Limnodrilus claparedeianus* Ratzel）等。底栖动物中耐污种增多而不耐污种种类消失，也说明太湖水体污染和富营养化日益加剧（陈桥等，2013）。

从全太湖的底栖动物 Goodnight（古德奈特）生物指数来看，1960 年值略高，1987 年有所下降，但在随后 20 年的时间内底栖动物 Goodnight 生物指数一直呈上升趋势，但是 2007 年上升速度趋缓。2005 年底栖动物 Goodnight 生物指数为 73.48%，属于中等污染，2006 年、2007 年超过 80%，属于重污染。

2010 年耐污指示种寡毛纲、摇蚊和中耐污指示种软体动物的比例较高，说明太湖存在一定程度的水体和底泥污染；2015 年常见种为瓣鳃纲的河蚬、寡毛纲的水丝蚓、甲壳纲的杯尾水蚤，水生植物丰富的水域底栖动物种类数多、多样性高。2010～2015 年，底栖动物种类数呈波动趋势，底栖动物 Shannon-Wiener 指数（图 2.26，图 2.27）呈现波动上升趋势，说明近年底栖动物多样性有所增加，底栖动物群落结构更加稳定，湖泊生态系统健康状况有所恢复。

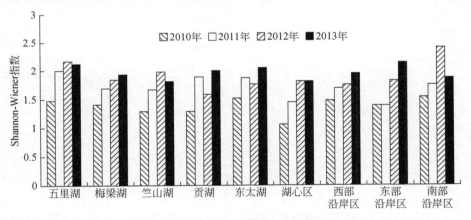

图 2.26　2010～2013 年太湖流域各湖区底栖动物 Shannon-Wiener 指数

2.5.5　环节动物

根据《太湖健康状况报告》[①]，考虑太湖的特点及实际情况，据环节动物数量将评价等级划分为：小于等于 790 个/m² 为健康，大于 790 个/m² 小于 2270 个/m² 为亚健康，大于 2270 个/m² 为不健康。

---

① 水利部太湖流域管理局. 2007-2016. 太湖健康状况报告. http://www.tba.gov.cn.

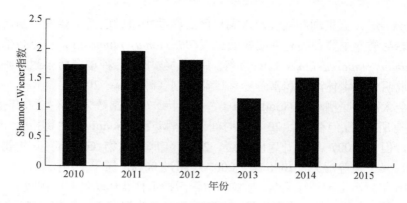

图 2.27　2010～2015 年太湖底栖动物 Shannon-Wiener 指数

太湖环节动物数据较少（图 2.28），仅有 1987 年、1998 年、2002 年、2005 年、2006 年、2007 年及 2010～2014 年数据。总体来看，2002 年以前，太湖环节

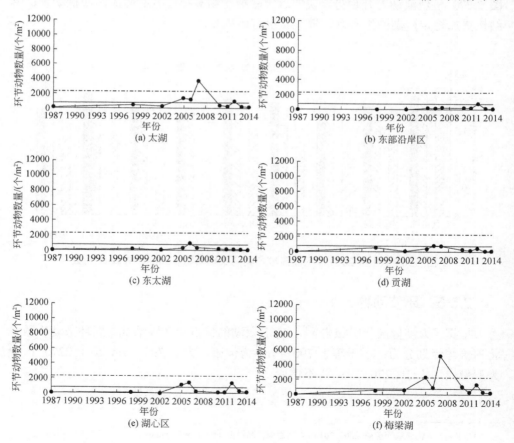

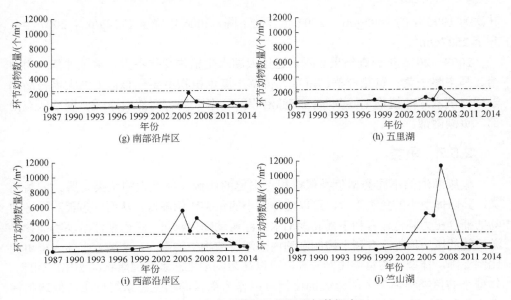

图 2.28　太湖环节动物数量历年数据表

动物数量较少，均处于健康状态。2002 年以后，各湖区健康水平均有所下降。其中，西部沿岸区、竺山湖逐渐由健康变化为不健康状态。东太湖、东部沿岸区健康水平较高，多年来一直处于健康水平，但健康状态有所下降。2010 年之后的监测结果显示，太湖、湖心区、梅梁湖及西部沿岸区 2012 年处于亚健康状态，东部沿岸区 2012 年处于近亚健康状态，其余年份均为健康状态；其他各湖区与 2007 年相比也有明显好转，2014 年均处于健康状态。

2.5.6　高等水生植物

从太湖各区及全湖在 1959～2007 年的水生植物生物量（湿重）分布情况来看，水生植物主要分布在东太湖、东部沿岸区、南部沿岸区和贡湖，其他水域仅有零星分布。据 1960 年调查结果，东太湖水生植物有 27 科 47 属 66 种。1987～1988 年调查结果表明，东太湖水生植物有 61 种，隶属 29 科 45 属，组成东太湖沉水植物的主要种类是苦草和马来眼子菜，次优势种为轮叶黑藻、聚草和小眼子菜，与 1961 年相比，优势种变化不大，这表明 20 世纪 80 年代东太湖沉水植物生长的环境条件比较稳定。1996 年调查结果显示，东太湖水生植物有 34 科 56 属 74 种，微齿眼子菜群丛是东太湖分布面积最大、总生物量最高的群丛，菰和芦苇以及黑藻和苦草成为沉水植被的优势种，外来种伊乐藻入侵并形成一定规模的群丛。从全太湖水生植物生物量来看，1993～1995 年较高，1993 年最高，为 3295g/m²，其次为 1995 年的 3093g/m^2，2002 年开始下降，2006 年降至 1732g/m^2，2007 年又升至 2527g/m^2。

2008～2015 年调查结果显示，近年太湖水生植物变化不大，常见种基本为芦苇、马来眼子菜、黄花荇菜、菹草、苦草，挺水植物主要分布在太湖大堤与岛屿沿岸，沉水浮叶植物主要分布在东部沿岸区、东太湖、南部沿岸区、湖心区东南部、贡湖南部。

2.5.7　鱼类

健康湖泊的不同类型鱼类保持相对固定的比例，体型大的鱼类一般为凶猛鱼类，其以体型小的鱼类为食，可以使体型小的鱼类比例降低，从而使鱼类对浮游动物的捕食压力降低，有利于提高湖泊水体浮游动物生物量，进而使浮游动物捕食浮游植物的压力增加，有利于控制湖泊内部浮游植物生物量。一个湖泊水体大型鱼类比例下降，体型小的鱼类比例升高，可以认为湖泊生态系统健康状况恶化。因此，体型小的鱼类与体型大的鱼类的比例可以作为衡量湖泊生态系统健康的候选指标之一。由于缺乏太湖不同湖区以及整个太湖鱼类生物量资料，因此可用太湖鱼类捕捞量及鱼产品结构初步反映太湖湖体在捕捞前期的鱼类结构和生物量。体型小的鱼类主要是指鲚鱼等个体（体长）比较小的鱼种，而大个体鱼种则包括鲌类（红白条）、鲤、鲫、鳊（鲂）、鲢、鳙、草鱼、青鱼以及其他个体（体长）比较大的鱼种。

从全太湖 1952～2003 年小个体鱼种与大个体鱼种比值关系图（图 2.29）可以看出，全太湖大致可以分为三个阶段：20 世纪 50～60 年代小个体鱼种与大个体鱼种比值处于上升趋势，60～90 年代初处于下降趋势，而且下降的趋势比 50～60

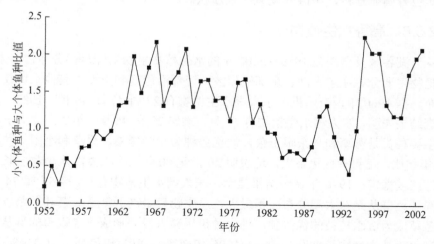

图 2.29　全太湖小个体鱼种与大个体鱼种比值

年代上升的趋势要平缓，90 年代后开始上升。从整个趋势来看，小个体鱼种与大个体鱼种比值仍是上升的，说明太湖生态系统比较适合小个体鱼种生存，其健康状况趋于下降。这种情况 50～60 年代就已经表现得很突出了，60～90 年代太湖生态系统健康状况有好转的趋势但不明显，90 年代以后又开始趋于下降。

太湖鱼类监测结果表明，2010 年以来，鱼类种数有一定程度的降低，由 2009 年的 18 科 60 种降低至 2015 年的 12 科 48 种，近年来鱼类群落结构未发生明显变化，但不同生境间鱼类群落结构差异较大。各年优势种较为统一，主要为鲫、鲤和湖鲚。鱼类组成中，幼鱼仍占较大比例，小型化特征明显，与 20 世纪 80 年代鱼类总数 106 种（秦伯强等，2004）存在较大差异。

2.5.8　水系连通性

水系连通性指太湖湖体与出入湖河流及周边湖泊、湿地等自然生态系统的连通性，其反映太湖与周边水体水循环健康状况，是一个重要的反映太湖流域水生态的指标。

环太湖大堤工程在发挥显著防洪作用的同时，也在一定程度上降低了太湖水系的连通性。1991 年太湖洪水后，国家决定建设太湖流域十一大骨干水利工程，环太湖大堤工程在 20 世纪 90 年代中期建成。环太湖大堤工程在发挥显著防洪作用的同时，对河湖水系自然生态的影响也逐步凸显。明代文献记载，太湖进出河道达 320 条，在 20 世纪 60 年代测量时，尚剩 240 条；环太湖大堤建设前出入湖河道口门 225 处，环太湖大堤建设封堵了 54 处，剩 171 处，在这 171 处口门中，仅 45 条入湖河道口门敞开，其余均建闸进行人工控制。部分河道并港建闸，在一期工程中闸门已按新的规模建成，但河道尚未拓宽匹配，以南太湖最为严重，其次东太湖下游河道也不通畅[①]。

水系连通性可用口门畅通状况（数量）来反映，具体用口门畅通率表示。口门畅通率指口门及与之相通的河道与周围水体畅通，使水体保持流动状态的程度。口门畅通率等于畅通的口门数/总口门数×100%。《健康太湖自然形态指标研究报告——健康太湖综合评价与指标研究专题》报告显示，环湖太湖入湖口门共有 219 处，其中江苏段 145 处，敞开口门 36 处、建闸控制口门 97 处、封堵口门 12 处；浙江段 74 处，敞开口门 40 处、建闸控制口门 11 处、封堵口门 23 处。口门畅通率为 84%。根据《健康太湖综合评价与指标研究总报告》（水利部太湖流域管理局，2009）中对口门畅通率指标评价等级划分，太湖流域现阶段的口门通畅率（84%）处于良好的水平。

---

① 南京水利科学研究院，水利部太湖流域管理局水利发展研究中心. 2010. 太湖流域水生态环境现状调研报告（初稿）. 水利部公益性行业科研专项项目（编号：201001030）.

参 考 文 献

陈桥，徐东炯，张翔，等. 2013. 太湖流域平原水网区底栖动物完整性健康评价. 环境科学研究，26（12）：1301-1308.

秦伯强，胡维平，陈伟民. 2004. 太湖水环境演化过程与机理. 北京：科学出版社.

水利部太湖流域管理局，江苏省水利厅，浙江省水利厅，等. 2009. 太湖健康状况报告. http://www.tba.gov.cn/channels/43. html［2010-09-29］.

水利部太湖流域管理局. 2009. 健康太湖综合评价与指标研究总报告. 太管科技［2010］26 号.

第3章 太湖流域与水相关的生态环境问题及其成因分析

3.1 水环境问题及其成因分析

太湖流域入河污染负荷过高尚未得到根本改变，单位面积废污水排放量是全国平均值的 25 倍，入河污染物总量为水域纳污能力的 2~3 倍，2013 年流域重点水功能区水质达标率仅为 26.7%，部分河网水源地水质长期不达标。流域河湖水环境质量的降低不但导致长期水质型缺水，水环境承载力已呈亏缺状态，难以支持水资源系统及水生生态系统的健康有序发展，而且影响到水生生态系统的完整性和平衡性，水生生态系统受损造成恶性循环，进一步降低水环境、水资源承载力。因此，水环境是太湖流域与水相关的生态环境承载力的控制性制约因素，具体表现在以下方面。

3.1.1 水环境问题

污染物入河量仍较高。太湖水域主要污染物为氮、磷等营养盐和耗氧有机物，主要来源于农业面源污染、企业污水排放和城镇生活污水输入，随着流域点源污染治理成效不断提高，面源污染逐渐成为影响流域河湖水环境的主要因素。对流域 803 个水功能区（含省级水功能区）2012~2013 年 COD 和氨氮污染物的入河量、纳污能力、2020 年限排总量和 2030 年限排总量按照水资源四级区进行分析。结果表明，各四级区 COD 现状污染物入河量均超过纳污能力，其中阳澄淀泖区入河污染总量为纳污能力的 1.9 倍，浙西区、武澄锡虞区、浦东区、杭嘉湖区约为 1.7 倍，湖西区、浦西区超标比例较低。与 COD 相比，氨氮现状污染物入河量超出纳污能力相对更多，湖西区、阳澄淀泖区、浦东区、杭嘉湖区污染物入河量为纳污能力的 2 倍以上，浙西区、武澄锡虞区、浦西区超标比例相对较低。为实现 2020 年及 2030 年限制排污总量目标，各四级区均面临污染物削减压力。与现状相比，浙西区、浦东区 COD 污染物削减压力相对较大；太湖区、浦东区氨氮污染物削减压力相对较大①。

水质尚未达标。太湖流域水域污染由来已久，2007 年无锡出现供水危机后，国务院于 2008 年 5 月批复实施了《太湖流域水环境综合治理总体方案》，经太湖流域两省一市人民政府和有关部门大力推进太湖流域综合治理各项措施后，太湖流域水质虽然呈现好转的趋势，但距离达标仍有一定的差距。据 2016 年《太湖流域水资源公报》《太湖健康状况报告》，太湖流域 380 个重要水功能区全指标达标率为 41.9%，高锰酸盐指数和氨氮双指标达标率为 63.4%；34 个省界河流断面中，仍有 17 个断面未达到Ⅲ类水标准；22 条主要入太湖河流中，有 10 条处于Ⅳ类及以上水质类别；太湖主要水质指标浓度中，高锰酸钾指数为 4.55mg/L，氨氮为 0.11mg/L，总磷为 0.084mg/L，总氮为 1.96mg/L，氨氮、总氮完全达到《太湖流域水环境综合治理总体方案》（2013 年修编）确定的 2020 年控制目标，高锰酸盐指数和总磷都距离达标还有一定差距。竺山湖、西部沿岸区、梅梁湖、湖心区以及南部沿岸区的总氮浓度均在 2.0mg/L 以上（水利部太湖流域管理局等，2016）。

水体富营养化程度未有改善。据 2016 年《太湖健康状况报告》，2016 年太湖蓝藻平均数量为 8282 万个/L，是 2015 年的 2.1 倍，以零星湖区水华为主，西部沿岸区、梅梁湖和竺山湖蓝藻数量处于较高水平，水华发生频率较 2015 年有所增加（水利部太湖流域管理局等，2016）。太湖平均营养指数为 62.3，为中度富营养水平，与 2015 年相比，南部沿岸区由轻度富营养转变为中度富营养。

3.1.2　水环境问题成因分析

1. 工业化、城市化高速发展，导致入湖污染物及营养物质持续增加

太湖流域以其优越的地理位置和自然地理环境为社会经济发展提供了有利条件，是我国工业化和城市化程度最高、经济最为发达、投资增长和社会发展最具活力的地区之一，同时也是人与自然矛盾最突出的地区之一。20 世纪 80 年代末，太湖流域乡镇企业兴起，水环境急剧恶化；"九五""十五"时期经济快速发展，污染加重，治理滞后，流域水环境进一步恶化，太湖蓝藻大规模暴发。随着人口的增多，经济的发展，生活污水、工业废水和农业污染也越来越严重（徐雪红，2013）。根据相关研究，20 世纪初期工业废污水排放年增长 3%，生活污水排放年增长 5%。在污废水排放增长的同时，入湖污染物也呈增长态势（陈荷生等，2008）。入河湖污水和污染物的持续累积，使河湖水环境问题突出。虽然近年来太湖流域经过水环境综合治理已有明显改善，当前高标准排污要求下，入河湖污染负荷也有显著降低，但受水环境本底值较差、入河湖污染仍超过纳污能力影响，水污染问题仍然较为突出。

---

① 上海东南工程咨询有限责任公司.2015. 太湖流域水资源水环境承载力研究方案报告.

2. 农业面源污染未得到有效控制

太湖流域内农业生产基本条件好，集约化程度较高，耕地化肥和农药平均施用量相对大（农田化肥平均施用量为全国平均值的 2.2～2.5 倍），农业生产每年施用化肥约 300 万 t，农药 10 万 t，流域 COD 污染约有 1/3 来自农业面源污染，30%～40%的化肥中的氮、磷随土壤径流进入河湖（薛建辉等，2008）。规模化和分散型养殖业发展快，农村居民生活污水、固体废弃物和农业生产的副产品未经处理便排放入河道，增加了农业污染负荷。近年来，流域内各地加强规模化畜禽养殖场污染治理、水产养殖尾水治理，降低了农药化肥施用水平，提高了农村生活污水分散和集中处理设施覆盖面，农村农业面源污染得到极大改善。但由于农业面源污染面大量广并具有分散性、复杂性和滞后性的特点，治理难度大，农业面源污染治理不仅缺乏适应农村经济特点的实用成套技术，而且缺乏科学管理模式和长效运行机制（陈荷生等，2008）。

3. 河湖底泥中污染物累积加重，内源负荷增加

城市和农村排入河湖的污染物长年累积在河道、湖泊底泥中，频繁的风浪作用以及大量运输船舶搅动所产生的底泥污染物释放现象极为普遍，其成为继农村面源、城市污水之后又一重要的二次污染源。武进港、大通河、北塘河等河流受到底泥污染物二次污染尤其明显，因此环太湖入湖河道污染负荷的增加是太湖水环境恶化的根本原因（孔繁祥等，2006）。

4. 水体交换缓慢

太湖流域河道水面平均坡降约十万分之一，水流流速缓慢，汛期一般仅为 0.3～0.5 m/s，同时河网尾闾受潮汐顶托影响，流向表现为往复流，更进一步降低下泄流速，导致水体的稀释、降解能力相对较弱。太湖现有水面积 2337km^2，正常水位下容积为 44.3 亿 m^3，平均水深 1.89m，最大水深 2.6m，多年平均年吞吐水量 52 亿 m^3，水量交换系数 1.17，换水周期约为 309 天（郑文钵，2008）。太湖水体换水周期长，水体交换缓慢，尤其太湖的西北部和北部水体交换更加缓慢，而太湖污染物主要来源于流域的西北部（常州市）与北部地区（无锡市）（薛建辉等，2008），导致湖区西北部和北部水体污染严重。

5. 流域河网湖荡生态系统功能退化，对污染物净化和拦截能力下降

太湖地区水网发达，天然湖荡密布，对流域污染物拦截和水质净化具有重要作用。但是近年来受城市化、水体高密度养殖、污染排放增加等影响，河网湖荡水体生态退化严重，严重削弱和降低其对污染物的转化和拦截功能（孔繁祥等，2006）。

3.2 水生态问题及其成因分析

3.2.1 水生态问题

（1）生物多样性锐减。从水生生物 Shannon-Wiener 指数来看，浮游植物由 2012 年的 147 种减少到了 2016 年的 129 种，底栖动物多样性指数也有所降低（水利部太湖流域管理局等，2016；徐雪红，2013）。北部湖区水生态退化严重，除沿岸尚存少量芦苇间断分布外，沉水植物已基本消亡，浮游植物蓝藻增长迅速。鱼类在 20 世纪 60 年代有 160 种，而 2016 年监测仅发现 47 种，洄游性鱼类几乎绝迹。底栖生物物种减少，耐污类生物种类增加，生物多样性和整体性下降（水利部太湖流域管理局等，2016；陈荷生等，2008）。

（2）河道缩窄，湿地萎缩，生境退化。历史上长期以来的围湖垦殖和联圩并圩，致使河湖水域面积减少，河道缩窄淤浅，湿地萎缩退化，与 20 世纪 50 年代相比，太湖等 8 个重点湖泊水面缩减达 306 km²，流域湖泊蓄水量累计减少 4.8 亿 m³，影响太湖蓄水位 0.21 m。太湖中原有的东山岛，因泥沙淤积，岛与岸间距不断变小，形成东山半岛。湖泊围垦大大减少了湖区面积，致使调蓄能力降低，不仅加速了天然湿地的消失，更对湿地水环境和区域生态产生严重的负面影响（"健康太湖综合评价与指标研究"项目组，2009）。

（3）水土流失，河道淤积，河网萎缩。山区的开矿和种茶、河道的通航和挖沙、河岸的非生态化开发等行为，引起太湖流域的下垫面条件发生了巨大的变化，天然植被覆盖面积大量萎缩，水土流失严重，全流域水土流失面积占总土地面积的 3.9%，大量的泥沙进入水体，使局部湖区淤积和沼泽化，其速度远超过湖泊的正常演替过程。由于城市建设活动，平原区的河道水面被大量占用，河道水面系数减少。近年来，河道及池塘清淤已不再进行，河道淤积导致河网萎缩，水生植物退化，生境条件发生变化，天然湿地功能下降（郑文钵，2008）。

3.2.2 水生态问题成因分析

（1）水环境污染加重，导致生物多样性锐减。随着工业、农业、城乡生活的污染排放量日益增加，太湖流域的水质日益恶化，湿地的生态环境遭到严重破坏，直接导致水生动植物数量大大减少。底栖动物中的螺、蚌等大型软体动物减少，浮游动物中大型的枝角类、桡足类种群数量也大大减少，经济价格高、体型大的植被全部衰败，部分物种丧失，而耐污染、利用价值低的漂浮植物则应运而生，造成了流域生物多样性衰退，水产品数量大大减少，生物质量显著下降（郑文钵，

2008）。近年来，随着渔民捕捞技术手段的提升，捕捞强度日益增加，淡水生物多样性受到威胁，经济鱼类资源量日趋衰减，渔获量不断减少，捕鱼种类日趋单一，种群结构日趋幼龄化、小型化（姚志刚等，2014）。

（2）人类活动打破生态系统平衡。随着近几十年来区域社会经济迅速发展和人口持续增长，土地资源越来越紧缺，围垦水面与湖泊、河流滩地一度成为增加可使用土地面积的重要手段，大量天然湿地转为工农业、城市用地，或转变为以水产养殖、稻田为主的人工湿地，导致流域内天然湿地面积急剧减少。河湖堤岸维护更多地考虑了防洪减灾、水运交通等需求而较少兼顾自然生态系统的连续性，切断了湖泊、河流水体与周边山、地、水的自然组合和过渡，滨岸湿地基本被破坏，生态功能基本丧失。

（3）淤积和沼泽化使湿地退化速度加快。太湖流域属于平原水网地区，位于长江流域下游，水流流速较缓，自然淤积速度较快。在内陆河段、湖泊，由于泥沙淤积，河床及湖床被抬高，排洪蓄洪能力大大降低。淤积使湖泊逐渐沼泽化，沼泽化又使湖泊泥沙淤积速度加快，如果没有人力恢复，湖泊消失速度将加快。在农村水网地区，随着农村生产生活方式的转变，已很少从事清挖河（塘）泥作为客源肥土用于种植业的传统农事活动，小型河、渠、塘长期缺乏有效疏浚，淤积日趋严重（燕文明和刘凌，2006）。

归根结底，太湖流域的社会经济发展水平超过了与水相关的生态环境的承载力是该流域与水相关的生态环境问题产生的根本原因。

参 考 文 献

陈荷生，宋祥甫，邹国燕. 2008. 太湖流域水环境综合整治与生态修复. 水利水电科技进展，
　　28（3）：76-79.

国家发展和改革委员会，环境保护部，住房和城乡建设部，等. 2013. 太湖流域水环境综合治理
　　总体方案（2013 年修编）. 发改地区 [2013]2684 号.

"健康太湖综合评价与指标研究"项目组. 2009. 健康太湖自然形态指标研究报告——健康太湖
　　综合评价与指标研究专题. 太管科技[2010]26 号.

孔繁祥，胡维平，范成新，等. 2006. 太湖流域水污染控制与生态修复的研究与战略思考. 湖泊
　　科学，18（3）：193-198.

水利部太湖流域管理局，江苏省水利厅，浙江省水利厅，等. 2016. 太湖健康状况报告. http：
　　//www.tba.gov.cn/contents/45/14731.html[2017-9-11].

徐雪红. 2013. 加强流域综合治理与管理 推动太湖流域水生态文明建设. 中国水利，（15）：63-65.

薛建辉，阮宏华，刘金根，等. 2008. 太湖流域水岸生态防护林体系建设技术与对策. 南京林业
　　大学学报（自然科学版），32（5）：13-18.

燕文明，刘凌. 2006. 长江流域生态环境问题及其成因. 河海大学学报（自然科学版），34（6）：610-613.

姚志刚，袁芳，翟可，等. 2014. 江苏太湖流域湿地现状与保护探讨. 江苏林业科技，41（2）：38-53.

郑文钵. 2008. 太湖流域湿地及其治理保护. 地理教学，（01）：4-7.

第4章　太湖流域与水相关的生态环境承载力的理论及量化模型

4.1　概念与内涵

4.1.1　概念

生态环境承载力的研究对象是人类生态系统。在人类生态系统中，人类是生物，生态环境是环境。在人类生态系统中，在一定区域一定时间内，生态环境中能被人类在社会经济活动中开发利用并用价值来计算的生态环境要素就称为资源，有水资源、土地资源、气候资源、生物资源、海洋资源和矿产资源等，除资源外，剩下的就是生态环境，其可用生态环境质量来度量。与水相关的生态环境承载力是以水为纽带从生态水文学的角度来研究的，其主要面对的是研究区严重的与水相关的生态环境问题。

与水相关的生态环境承载力（在朱永华的博士后研究工作报告中简称生态环境承载力）的概念是朱永华于 2002～2004 年博士后研究工作期间在夏军导师的指点下提出的（朱永华，2004；朱永华等，2005a，2005b，2011；Zhu et al.，2005，2009，2010），即生态环境承载力指在满足一定的生态环境保护准则和标准下，在一定的经济、技术水平条件下，在保证一定的社会福利水平要求下，利用当地（和调入）的水资源和流域"生态-社会-经济"系统其他资源与生态环境条件，维系良好生态环境所能够支撑的最大人口数量及社会经济规模（朱永华，2004）。

简单地说，生态环境承载力是由资源（用资源量表示）与一定保护准则和标准的生态环境要素（用生态环境质量表示）构成的生态环境支持系统对社会经济压力系统的支持能力，如图 4.1 所示。与水相关的生态环境承载力主要是指围绕水资源的承载力，其以与水相关的生态环境问题为出发点和落脚点。因此，与水相关的生态环境承载力就是与水相关的生态环境系统对社会经济系统的承载能力。与水相关的生态环境系统为支持系统，其由水（土）资源和与水相关的生态环境要素构成。社会经济系统为压力系统，其由社会系统和经济系统构成。与水相关的生态环境系统对社会经济系统的支撑能力是受条件系统约束的。条件系统包括一定的经济技术水平、一定的福利水平和生态环境质量标准。

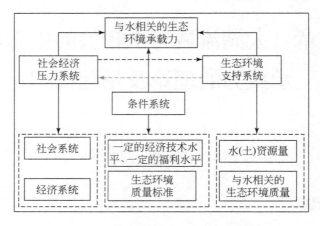

图 4.1　生态环境承载力概念示意图

对中国北方缺水地区而言，其生态环境问题主要是与水相关的，相应地，其生态环境承载力主要是针对与水相关的生态环境问题提出的，其生态环境承载力可称为与水相关的生态环境承载力，是水资源、土地资源和与水相关的生态环境要素构成的生态环境支持系统对由社会系统和经济系统构成的社会经济系统在一定约束条件下的支持能力，该约束条件包括一定的经济技术水平、一定的福利水平和生态环境质量标准（朱永华，2004；朱永华等，2005a，2005b，2011；Zhu et al.，2005，2009，2010）。

对太湖流域这种水质型缺水地区而言，同样围绕其主要与水相关的生态环境问题来开展与水相关的生态环境承载力研究。在太湖流域，与水相关的生态环境承载力概念同样适用。

4.1.2　内涵

生态环境承载力的内涵如图 4.2 所示。具体表现为：在一定时段内某个区域的人们把水资源和土地资源分为生活用水（地）、生产用水（地）及生态用水（地）。依靠生活用水和生活用地维持一定生活水平的人们，基于生产用水和生产用地从事工业和农业生产，产生工业总产值和农业总产值，即经济规模。人们生产、生活的同时，时刻与自然生态环境相互作用，如果这种相互作用产生的关系是和谐的，就不会产生生活污染物、工业污染物和农业污染物及生态破坏问题，否则相反，就需要通过监测污染物浓度及其他度量生态破坏问题的指标，进行环境容量分析，接着与生态环境质量标准对比，若在约束的范围内，这种情况下的生态环境系统能够承载的最大社会经济规模（用人口和 GDP 表示）就是我们预期的结果。

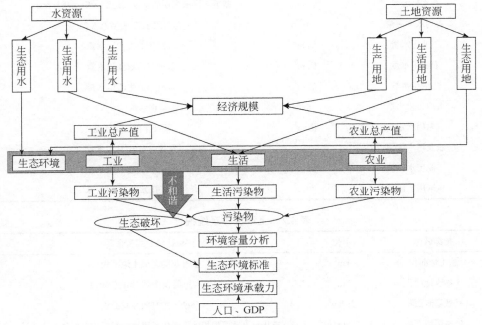

图 4.2 生态环境承载力的内涵示意图

4.2 量化指标体系

从与水相关的生态环境承载力的概念（图 4.1）及其内涵（图 4.2）可以看出，与水相关的生态环境承载力主要涉及水资源系统、土地资源系统、与水相关的生态环境系统及社会经济系统四大方面，因此，建立量化指标体系应以水资源系统指标、土地资源系统指标、与水相关的生态环境系统指标、社会经济系统指标来建立量化指标体系。再根据太湖流域实际的水资源特点、与水相关的生态环境问题及社会经济发展特点，选出太湖流域尽可能全面的生态环境承载力量化的指标体系，见表 4.1～表 4.5。表 4.1 是水资源系统指标，主要考虑与水资源短缺有关的量，用达到水质标准的总水资源量及人均水资源量表示，也要考虑供水量及用水量。土地资源系统指标见表 4.2，主要考虑与粮食生产有关的量，也要考虑与生态用地有关的量。社会经济系统指标见表 4.3，主要考虑反映社会经济发展水平和社会经济规模的量。

表 4.1 水资源系统指标

指标名称	单位	指标计算公式及含义
总水资源量	亿 m³	基准年区域可用的水量（达到一定水质标准）
人均水资源量	m³	总可用水资源量/总人口
工业用水量	亿 m³	基准年的工业用水量
农业用水量	亿 m³	基准年的农业用水量
生活用水量	亿 m³	基准年的生活用水量
人均可供水量	m³	可供水量/总人口
总用水量	亿 m³	基准年的总用水量
农业用水比例	%	农业用水量/总用水量
工业用水比例	%	工业用水量/总用水量
生活用水比例	%	生活用水量/总用水量

表 4.2 土地资源系统指标

指标名称	单位	指标计算公式及含义
总土地面积	km²	基准年的区域土地面积
人均土地面积	km²	总土地面积/基准年的总人口
有效灌溉面积	万 hm²	基准年的有效灌溉面积
生态用地面积	km²	指从总土地面积扣除生产生活用地面积后的那部分土地面积

表 4.3 社会经济系统指标

指标名称	单位	指标计算公式及含义
人口	万人	基准年的总人口
人均 GDP	元	GDP/总人口
GDP 增长率	%	（现状 GDP－基准年 GDP ）/基准年 GDP
工业用水定额	m³/万元	工业用水量/工业产值
灌溉用水定额	m³/亩	灌溉用水量/灌溉面积
人均生活用水定额	L/d	基准年的生活用水量/基准年的总人口
人均粮食产量	kg	粮食总产量/总人口
亩均粮食产量	kg	粮食总产量/粮食种植面积
第三产业的比重	%	第三产业的产值与总产值之比
可承载人口	万人	预测年的生活用水量/预测年的人均生活用水额
污水治理率	%	基准年的污水处理量/基准年的污水排放量
排污率	%	基准年的污水排放量/基准年的用水量
城镇化率	%	基准年城市人口/总人口
农田灌溉水有效利用系数	%	作物灌溉水利用量/灌区渠首引进的水量
农业用水定额	m³/万元	农业用水量/农业产值

与水相关的生态环境系统指标主要考虑能反映太湖流域与水相关的生态环境问题的各个指标，见表 4.4。表 4.5 是进行与水相关的生态环境质量的量化时需要考虑的各个水体的水质量化时的指标体系（即水环境状况的指标体系），是对表 4.4 中的水质的解释和说明。

表 4.4　与水相关的生态环境系统指标

指标名称	单位	指标计算公式及含义
污水排放量	亿 m^3/a	基准年污水的排放量
COD 排放量	万 t/a	基准年 COD 入河量
氨氮排放量	万 t/a	基准年氨氮入河量
总氮排放量	万 t/a	基准年总氮入河量
总磷排放量	万 t/a	基准年总磷入河量
纳污能力	万 t/a	基准年河湖最大纳污量
水质		见表 4.5
淡水水质		用 COD、氨氮、总氮、总磷的浓度表示
河流纵向连通度	%	河道淤塞河长/总河长
IV类水质及以上河长比	%	IV类水质及以上河长/总河长
渗滤性河岸长度比	%	渗滤性河岸长度/总河长
河岸弯曲度		河道长度/河道起止点直线距离
城市水面率	%	基准年的城市河湖库面积/总城市市区面积
生物丰度指数		指评价区域内生物多样性的丰贫程度。确定方法见 6.1.2 节
植被覆盖率	%	基准年的植被面积/总区域面积
河湖汛期水位	m	河湖汛期平均水面距离河湖底部的距离
河湖非汛期水位	m	河湖非汛期平均水面距离河湖底部的距离
河湖生态水位	m	河湖达到要求的生态功能所需要的水位
水土流失面积比	%	基准年区域水土流失面积/总区域面积

表 4.5　部分水环境指标

指标名称	单位	指标	指标计算公式及含义
河流水质	—		
水库水质	—		
湖泊水质	—		
湿地水质	—	COD、氨氮、总氮及总磷浓度	多因子指数法
灌溉水质	—		
回用水水质	—		
外环境流入水的水质	—		

上述指标体系是初步选定的尽可能全的指标。在实际承载力的量化模型中，根据指标选择的原则、数据的可得性、研究区域的实际特点以及计量模型的内在逻辑性，所选用的指标将会有所变动。

4.3　量化模型

生态环境承载力的研究目标是对研究区进行水（土）资源-生态环境-社会经济系统分析，确定研究区现状承载状态和未来若干年内研究区在不同生态环境建设和社会经济发展情景下的生态环境承载力。因此，生态环境承载力的计量内容包括两方面，即现状承载状态的计量及未来生态环境承载力的预估调控计量。现状承载状态的计量采用评价的方法，即承载状态综合测度模型法。现状承载状态的优劣用生态环境承载指数表示，若生态环境承载指数小于 0.8，说明生态环境系统对社会经济系统的承载状态还没达到临界可承载；若等于 0.8，说明达到临界可承载；若大于 0.8，说明已达到良好可承载；若等于 1，说明达到完全可承载。通过现状承载状态的评价，若生态环境承载指数小于 0.8 或 1 时，需要进行承载力（未来生态环境承载力）的预估调控研究，即回答研究区在现状评价年为基准年，在一定生态环境建设和社会经济发展情景下，走可持续发展的道路，未来哪一年生态环境承载指数可达到 0.8 或无限接近 1，生态环境系统对社会经济系统会达到临界可承载或无限接近完全可承载，相应的水资源配置、生态环境建设和社会经济发展方面采取什么调控策略。承载力的预估调控模型包括水土资源-生态环境-社会经济互动模型和承载规模的预估调控模型，其中水土资源-生态环境-社会经济互动模型是承载规模的预估调控模型中的约束条件之一。

4.3.1　承载状态的计量模型——承载状态综合测度模型

承载状态综合测度模型用式（4.1）～式（4.4）表示，其中式（4.1）是主模型。

$$\mathrm{WES}(T) = \mathrm{WI}(T)^{\beta_1} \cdot \mathrm{LI}(T)^{\beta_2} \cdot \mathrm{EG}(T)^{\beta_3} \tag{4.1}$$

$$\mathrm{WI}(T) = \prod_{i=1}^{l} U_i(T)^{a_i} \tag{4.2}$$

$$\mathrm{LI}(T) = \prod_{j=1}^{m} V_j(T)^{b_j} \tag{4.3}$$

$$\mathrm{EG}(T) = \prod_{k=1}^{n} H_k(T)^{c_k} \tag{4.4}$$

式中，WES（T）为 T 时段与水相关的生态环境质量-社会经济水平综合评价的量值，即与水相关的生态环境系统对社会经济系统的承载状态的综合测度值；WI（T）、LI（T）、EG（T）分别为 T 时段水资源余缺水平、与水相关的生态环境质量、社会经济水平的测度值；β_1、β_2、β_3 分别为水资源余缺水平、与水相关的生态环境质量、社会经济水平在综合测度中的权重；U_i（T）、V_j（T）、H_k（T）分别为第 i 个水资源余缺水平指标、第 j 个与水相关的生态环境质量指标、第 k 个社会经济水平指标在 T 时段的隶属度值；l、m、n 分别为水资源余缺水平指标、与水相关的生态环境质量指标及社会经济水平指标的个数；a_i 为第 i 个水资源余缺水平指标在水资源余缺水平测度中的权重；b_j 为第 j 个与水相关的生态环境质量指标在与水相关的生态环境质量测度中的权重；c_k 为第 k 个社会经济水平指标在社会经济水平测度中的权重。权重可根据专家打分结合层次分析法确定。

4.3.2 水土资源-生态环境-社会经济互动模型

根据水土资源-与水相关的生态环境质量-社会经济水平发展的相互反馈关系，建立研究区域水、土资源、与水相关的生态环境以及社会经济之间的关联互动概念框架，依据质量守恒和系统输入输出关系，建立以达到一定水质功能的水量为联系纽带，由以水量平衡原理为基础的水量平衡模拟模型、社会经济-水量关系模型、生态环境-水量关系模型及社会经济预测模型构成的互动模型。根据收集的时间序列资料，确定模型涉及的函数关系式及相关参数。

与水相关的生态环境承载力的量化涉及水资源、土地资源、与水相关的生态环境及社会经济四个方面，要量化与水相关的生态环境承载力，首先得建立水资源、土地资源、与水相关的生态环境及社会经济之间的互动模型，在此基础上进一步建立生态环境承载力的计量模型。

1. 水土资源-生态环境-社会经济互动模型建立的思路

区域生态环境承载力的确定涉及水资源、土地资源、与水相关的生态环境及社会经济四大方面。它们之间的相互关系密切而复杂，只有把它们组合在一起研究，搞清四者间的互动定量关系，才能在承载力的确定及制定可持续发展的方针、政策时更灵活、更具有能动性。本书以水资源、水循环为主线来建立三者间的互动关系模型。因为水资源是产生研究区域生态环境问题的关键，研究区域与水相关的生态环境承载力的主要决定因子是水资源，考虑污水排放量是因为太湖流域的一个重要生态环境问题是水质污染。水资源、土地资源、与水相关的生态环境质量（表征生态环境问题的严重程度）、社会经济水平都被考虑，才能全面、较好地反映太湖流域与水相关的生态环境问题及其形成因素之间的定量关系，才能较真实地反映出任一个因子变化可能引起其他因子的改变。

图 4.3 示意出太湖流域任一区域水资源、土地资源（土地面积）、与水相关的生态环境、社会经济（人口及 GDP）四者之间的关系。单从四者的关系来看，水资源为社会经济提供资源支持，提供生产、生活用水；土地资源为社会经济提供资源支持，提供生产、生活用地；社会经济反过来通过开发利用水资源、土地资源为水资源、土地资源产生压力，同时通过提高水资源、土地资源利用率减轻对水资源、土地资源的压力；水资源、土地资源为生态环境提供生态用水、生态用地，反过来生态环境又通过涵养水源、防止土壤侵蚀保持水土、蓄洪、净化生态环境；生态环境为社会经济提供生态环境支持同时又相互争夺水资源、土地资源，可见水资源、土地资源、与水相关的生态环境、社会经济间关系非常复杂，不进行量化难以说清楚，因此只有通过建立定量化的数学模型才能真正了解四者间的确切关系。从这个意义来说，建立四者间的互动关系模型对于解决太湖流域的生态环境问题，促进太湖流域的可持续发展很有意义。

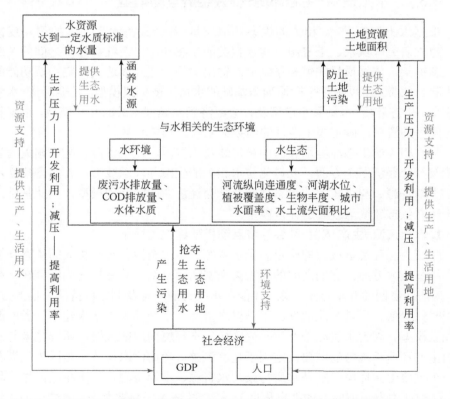

图 4.3　太湖流域水资源、土地资源、与水相关的生态环境、社会经济之间的关系

　　与水相关的生态环境用与水相关的生态环境质量表示。与水相关的生态环境质量在互动模型中根据太湖流域的实际问题来确定度量指标。其涉及水环境（水污染问题）和水生态（与水相关的生态破坏问题，是非污染性的）两方面，水环境方面可采用废污水排放量、COD 入河量和水体水质计量；水生态方面可采用河流纵向连通度、河湖水位、植被覆盖度、生物丰度、城市水面率、水土流失面积比表示。实际应用时再根据具体研究区面临的实际问题和研究目标来确定所用的指标。

　　本书建立太湖流域水土资源-与水相关的生态环境-社会经济耦合系统模拟模型的思路是：根据太湖流域的实际情况，把太湖流域看成是独立的系统。以水循环为主线，把它们耦合在一起来建立。

　　水土资源-与水相关的生态环境-社会经济耦合系统模拟模型根据研究区实际建立，包括：①以水量平衡原理为基础的水量平衡模拟模型；②社会经济-水量关系模型；③生态环境-水量关系模型；④社会经济预测模型。详细建模方法见下面的互动模型的子系统方程。

2. 互动模型的子系统方程

　　对基于质量守恒和系统输入-输出关系的几个主要子系统方程的介绍如下。

1）水量平衡模拟模型

　　太湖流域是有人类经济活动的区域，其水量平衡方程式用式（4.5）～ 式（4.10）表示，其中式（4.5）是主模型。

$$\frac{\Delta W}{\Delta t} = P + W_入 - W_用 - W_出 \tag{4.5}$$

$$W_用 = W_{生产用} + W_{生活用} + W_{生态用} \tag{4.6}$$

$$W_用 = W_耗 + W_排 \tag{4.7}$$

$$W_{生产用} = W_{工业用} + W_{农业用} \tag{4.8}$$

$$W_{工业用} = W_{火核电业用} + W_{高用水工业用} + W_{一般工业用} \tag{4.9}$$

$$W_{农业用} = W_{农田灌溉用} + W_{林牧渔畜用} \tag{4.10}$$

式中，ΔW 为流域地表及地下蓄水量的变化量，10^4 m³/a，增为正；Δt 为时间的变化量；P 为计算时段内流域降水量，10^4 m³/a。$W_入$ 为计算时段内从外区域自然流入或调入本流域的水量，10^4 m³/a，在太湖流域，从外区域自然流入本流域的水量指过境水，调入本流域的水量有口门引江量等；$W_出$ 为计算时段内从本流域流到外流域的水量，10^4 m³/a；$W_用$ 为计算时段内本流域用水量，10^4 m³/a；$W_{生产用}$ 为计算时段内本流域生产用水量，10^4 m³/a；$W_{工业用}$ 为计算时段内本流域工业用水量，10^4 m³/a；$W_{农业用}$ 为计算时段内本流域农业用水量，10^4 m³/a；$W_{火核电用}$ 为计算时段内本流域火核电业的用水量，$10^4 \text{ m}^3/\text{a}$；$W_{\text{高用水工业用}}$为计算时段内本流域高用水工业的用水量，$10^4 \text{ m}^3/\text{a}$；$W_{\text{一般工业用}}$为计算时段内本流域一般工业的用水量，$10^4$ m^3/a；$W_{\text{农业灌溉用}}$为计算时段内本流域农田灌溉的用水量，$10^4 \text{ m}^3/\text{a}$；$W_{\text{林牧渔畜用}}$为计算时段内本流域林牧渔畜的用水量，$10^4 \text{ m}^3/\text{a}$；$W_{\text{生活用}}$为计算时段内本流域生活用水量，$10^4 \text{ m}^3/\text{a}$；$W_{\text{生态用}}$为计算时段内本流域的生态用水量，$10^4 \text{ m}^3/\text{a}$；$W_{\text{耗}}$为计算时段内本流域耗水量，$10^4 \text{ m}^3/\text{a}$；$W_{\text{排}}$为计算时段内本流域排水量，$10^4 \text{ m}^3/\text{a}$。

2）社会经济-水量关系模型

水土资源-与水相关的生态环境-社会经济互动关系模型中，社会经济指标考虑工业增加值 $\text{GDP}_{\text{工}}$、农业增加值 $\text{GDP}_{\text{农}}$、国内生产总值 $\text{GDP}_{\text{总}}$、粮食产量 LC 及单方水农业增加值 WNZ。

工业增加值与工业用水量、农业增加值与农业用水量、国内生产总值与生活用水量、粮食产量与农业用水量之间有必然的联系，根据它们之间的关系构造社会经济-水量关系模型，见式（4.11）～ 式（4.15）。

$$\text{GDP}_I = f_1(W_{\text{工}}, \text{工业用水定额}) \tag{4.11}$$

$$\text{GDP}_{\text{农}} = f_2(W_{\text{农}}) \tag{4.12}$$

$$\text{GDP} = f_3(\text{单位生活用水产生的GDP}, W_{\text{生活}}, \text{人口}) \tag{4.13}$$

$$\text{LC} = f_4(\text{农业用水量}, \text{农业灌溉定额}) \tag{4.14}$$

$$\text{WNZ} = f_5(\text{农田灌溉用水量}, \text{林牧渔畜用水量}, \text{农业GDP增加值}) \tag{4.15}$$

3）生态环境-水量关系模型

水土资源-生态环境-社会经济互动关系模型中，生态环境指标考虑的水环境指标有 COD 排放量 c_1（10^4 t/a）、氨氮排放量 c_2（10^4 t/a）；水生态指标有天然河湖年均水深 c_3（m）、城市水面率 c_4（%）、城市植被覆盖率 c_5（%）和水土流失面积比 c_6（%）。

（1）水环境指标-水量关系模型。

水环境指标 COD 排放量 c_1、氨氮排放量 c_2 与水量间关系模型描述的是污染物 COD 排放量 c_1 及氨氮排放量 c_2 与水量间的关系，见式（4.16）～式（4.23）。

$$c_1 = c_{1\text{工}} + c_{1\text{农}} + c_{1\text{生活}} \tag{4.16}$$

$$c_{1\text{工}} = f(W_{\text{工}}) \tag{4.17}$$

$$c_{1\text{农}} = f(W_{\text{农}}) \tag{4.18}$$

$$c_{1\text{生活}} = f(W_{\text{生活}}) \tag{4.19}$$

$$c_2 = c_{2\text{工}} + c_{2\text{农}} + c_{2\text{生活}} \tag{4.20}$$

$$c_{2\text{工}} = f(W_{\text{工}}) \tag{4.21}$$

$$c_{2农} = f(W_{农}) \tag{4.22}$$

$$c_{2生活} = f(W_{生活}) \tag{4.23}$$

式中，$c_{1工}$、$c_{1农}$、$c_{1生活}$ 分别为工业 COD 排放量、农业 COD 排放量、生活 COD 排放量，分别表示成工业用水量、农业用水量、生活用水量的函数；$c_{2工}$、$c_{2农}$、$c_{2生活}$ 分别为工业氨氮排放量、农业氨氮排放量、生活氨氮排放量，分别表示成工业用水量、农业用水量、生活用水量的函数。

（2）水生态指标-水量关系模型。

水生态指标天然河湖年均水深 c_3、城市水面率 c_4、城市植被覆盖率 c_5 及水土流失面积比 c_6 分别和与之相对应的生态用水量之间有必然的联系，根据它们之间的关系建立水生态指标-水量关系模型，在建立水生态指标-水量关系模型时要考虑原自然环境中的水能否作为生态用水使用，要考虑原自然环境中生态用水的水质，在原自然环境生态用水不足的情况下补充的这部分水才是湿润地区的生态用水量，见式（4.24）~式（4.28）。

$$W_{生态} = W_{天然河道} + W_{城市绿化} + W_{城市河湖} + W_{山区水土保持} \tag{4.24}$$

$$W_{天然河道} = f(c_3, c_{03}, k_{03}) - OW_{河道}e_{河道} \tag{4.25}$$

$$W_{城市绿化} = f(c_4, c_{04}, k_{04}) \tag{4.26}$$

$$W_{城市河湖} = f(c_5, c_{05}, k_{05}) - OW_{城市河湖}e_{城市河湖} \tag{4.27}$$

$$W_{山区水土保持} = f(c_6, c_{06}, k_{06}) \tag{4.28}$$

式（4.24）表示太湖流域生态用水量的基本组成。它由天然河道生态用水量 $W_{天然河道}$、城市绿化用水量 $W_{城市绿化}$、城市河湖生态用水量 $W_{城市河湖}$ 及山区水土保持水量 $W_{山区水土保持}$ 组成。

式（4.25）表示天然河道生态用水量。天然河道生态用水量等于总的河道生态用水量减去原有河道可用的生态水量。等号右侧第一项表示总的河道生态用水量，它用河道环境良好时年均水深 c_{03}、对应的河道最小生态用水量 k_{03} 及现状河道生态用水补充后的河道年均水深 c_3 之间的关系表示。等号右侧第二项表示河道中现有的生态水量，它等于河道中的现有水量 $OW_{河道}$ 乘以水质折算系数 $e_{河道}$。

式（4.26）表示城市绿化用水量。城市绿化用水量用基准年没绿化前的植被覆盖率 c_{04}、单位流域面积绿化用水量 k_{04}、基准年绿化后的植被覆盖率 c_4 之间的关系表示。

式（4.27）表示城市河湖生态用水量。城市河湖生态用水量等于总的河湖生态用水量减去原有河湖可用的生态水量。等号右侧第一项表示总的城市河湖生态用水量，它用城市环境良好时的河湖水面率 c_{05}、对应的城市河湖最小生态用水量 k_{05} 及现状城市河湖生态用水补充后的河湖水面率 c_{05} 之间的关系表示。等号右侧第二项表示城市河湖中现有的生态水量,它等于城市河湖中的现有水量 $OW_{城市河湖}$ 乘以水质折算系数 $e_{城市河湖}$。

式（4.28）表示水土保持水量。它用基准年流域水土保持水量没补充前水土流失面积比 c_{06}、单位流域面积水土保持用水量 k_{06}、基准年水土保持水量补充后的水土流失面积比 c_6 之间的关系表示。

这样以水量为主线,太湖流域水土资源-与水相关的生态环境-社会经济之间的互动关系就建成了。

4）社会经济预测模型

社会经济方面主要指人口和 GDP,用它们的增长率来表示。

$$P_t = P_{t-1}(1 + k_{p}) \tag{4.29}$$

$$\text{GDP}_t = \text{GDP}_{t-1}(1 + k_{\text{GDP}}) \tag{4.30}$$

式中,P_t、GDP_t 分别为第 t 年的人口数和 GDP;P_{t-1}、GDP_{t-1} 分别为第 $t-1$ 年的人口数和 GDP;k_p、k_{GDP} 分别为人口和 GDP 的增长率。

以上的水土资源-生态环境-社会经济模型简称 Mod（RESE）。该模型将作为与水相关的生态环境承载力确定的一个约束条件。

4.3.3　承载力的预估调控模型

1. 目标函数的构造

因为太湖流域与水相关的生态环境承载力既是在生态环境质量好,又是在社会经济水平维持稳定发展情况下的人口和经济规模（GDP）。所以,我们的目标应是双重目标,第 N 年太湖流域生态环境承载力量化模型的目标函数见式（4.31）。

$$\text{BTI} = \max \prod_{T=1}^{N} [\text{WES}(T)]^{\frac{1}{N}} \tag{4.31}$$

式中,WES（T）为生态环境质量与社会经济发展水平的综合测度指标,表示 T 时段生态环境质量-社会经济水平综合评价的量值,称为生态环境质量-社会经济水平综合测度。WES 最大情况下的经济规模、人口数及对应的水资源配置模式、生态环境质量模式就是生态环境承载力确定的目的。从发展角度来讲,生态环境质量、社会经济水平是衡量流域可持续发展的两个重要指标,生态环境质量越好,社会经济水平越高,这样的流域发展趋势正是流域的可持续发展趋势。因此,BTI 称为可持续发展测度。WES（T）的计算见式（4.1）～ 式（4.4）。

2. 约束条件的构成

1）水土资源-生态环境-社会经济复合系统互动关系约束

水土资源（resources of water and soil）-环境（environments）-社会经济（social economy）复合系统互动关系模型用 Mod（RESE）表示，详细叙述见 4.3.2 节。

2）水资源约束

$$W_{总可用} \geqslant W_工 + W_农 + W_{生态} + W_{生活} \tag{4.32}$$

式中，$W_工$、$W_农$、$W_{生态}$ 及 $W_{生活}$ 分别为太湖流域计算时段内的工业、农业、生态及生活用水量。$W_{总可用}$ 为流域计算时段内的总可用水量，为该流域计算时段内地表水资源量、地下水资源量、调入或流入流域的水资源量、污水回用水量、利用的微咸水量之和。

3）与水相关的生态环境约束

a. 水环境约束

污水排放量：

$$W_{工业废} + W_{生活污} + W_{农业废} \leqslant B \tag{4.33}$$

式中，$W_{工业废}$、$W_{生活污}$、$W_{农业废}$ 分别为太湖流域计算时段内的工业废水、生活污水及农业废水排放量（m³）；B 为流域计算时段内允许排放的污水量（m³），等于流域污水处理量与流域水体自净量之和。

污染物排放量[考虑化学需氧量（COD）排放量和氨氮排放量]：

$$Q_{工业废} + Q_{生活污} + Q_{农业废} \leqslant B_i \tag{4.34}$$

式中，$Q_{工业废}$、$Q_{生活污}$、$Q_{农业废}$ 分别为太湖流域计算时段内工业废水、生活污水及农业废水中的污染物排放量（t）；B_i 为允许排放的染物排放量（t），等于流域水体的纳污量和当地的污染物处理量之和，$i=1$ 时污染物为化学需氧量（COD）排放量，$i=2$ 时污染物为氨氮排放量。

b. 水生态约束

天然河湖年均水深：

$$C_3 \geqslant A_3 \tag{4.35}$$

式中，C_3 为天然河湖年均水深；A_3 为要求的天然河湖年均水深。

城市水面率：

$$C_4 \geqslant A_4 \tag{4.36}$$

式中，C_4 为城市水面率；A_4 为要求的城市水面率。

城市植被覆盖率：

$$C_5 \geqslant A_5 \tag{4.37}$$

式中，C_5 为城市植被覆盖率；A_5 为要求的城市植被覆盖率。

水土流失面积比：

$$C_6 \leqslant A_6 \tag{4.38}$$

式中，C_6 为水土流失面积比；A_6 为许可的水土流失面积比。

c. 其他水环境约束

城市河湖水质：

$$C_7 \leqslant A_7 \qquad (4.39)$$

式中，C_7 为城市河湖水质；A_7 为要求的城市河湖水质。

d. 社会经济方面约束

人均 GDP：

$$\text{GDP}_{rj} \geqslant A_{\text{GDP}_{rj}} \qquad (4.40)$$

式中，GDP_{rj}、$A_{\text{GDP}_{rj}}$ 分别为太湖流域的人均 GDP 及流域人均 GDP 的最小值，元。

人均粮食：

$$D_4 \geqslant A_{\text{粮食}} \qquad (4.41)$$

式中，D_4、$A_{\text{粮食}}$ 分别为太湖流域的人均粮食产量及流域人均粮食的最低占有量，kg。

e. 可持续发展约束

$$\text{WES}(T) \geqslant \text{WES}(T-1) \qquad (4.42)$$

3. 生态环境可承载的判定

太湖流域生态环境系统对社会经济系统可承载的判定决定于生态环境质量测度 LI 和可承载人口指数 PI。当 LI≥0.8 且 PI≥-0.05 时，生态环境系统对社会经济系统可承载，判定条件见表 4.6。

由于太湖流域是我国城市化程度较高的地区，并且考虑到人口向流域外的流动性，因此引入可承载人口指数。可承载人口指数 PI 用式（4.43）计算。

$$\text{PI} = \frac{P_{\text{可承载人口}, \ i} - P_{\text{自然预测人口}, \ i}}{P_{\text{自然预测人口}, i}} \qquad (4.43)$$

表 4.6　太湖流域生态环境可承载的判定条件

生态环境质量测度 LI	≥0.8	其他情况
可承载人口指数 PI	≥-0.05	
类型	可承载	不可承载

4.3.4　承载状态变量的标量化——隶属度法

表示承载状态的各个变量采用隶属度法来进行标量化。标量化的隶属函数的形式有以下两类。

第一类隶属度函数，如式（4.44）所示：

$$\mu = \begin{cases} 1, y \in [a_1, +\infty) \\ \dfrac{0.2}{a_1 - 1}(y - 1) + 0.8, y \in [1, a_1) \\ 0.8y^\gamma, y \in [0, 1) \end{cases} \qquad (4.44)$$

式中，μ 为隶属度；y 为中间变量，是实际值 x 变换来的。实际值 x 的变换形式有三种。

第一种：实际值 x 在模型中起正作用，即指标值越大，水资源承载状态综合测度越小，如植被覆盖率、城镇化率等，则令

$$y = \frac{x}{A}, a_1 = \frac{A_1}{A} \qquad (4.45)$$

第二种：实际值在模型中起负作用，即指标值越大，水资源承载状态综合测度越小，如 COD 排放量、氨氮排放量等，令

$$y = \frac{A}{x}, a_1 = \frac{A}{A_1} \qquad (4.46)$$

第三种：实际值在模型中起负作用，即指标值越大，水资源承载状态综合测度越小，并且指标值为 1 时，其对应的隶属度值为 0。其只适用于水土流失面积比，令

$$y = \frac{A}{x} - A, a_1 = \frac{A}{A_1} - A \qquad (4.47)$$

式中，A 为具体指标的可承载状态临界值，指人类可忍受生态环境或社会经济指标的下限值，规定 A 对应的隶属度值为 0.8。

A_1 为具体指标的完全承载状态临界值，认为是指标的实际值 $x \leqslant A_1$ 时（实际值越小，复合系统越好，如 COD 排放量）或 $x \geqslant A_1$ 时（实际值越大，复合系统越好，如人均 GDP、城市水面率），生态环境社会经济复合系统处于完全良好状态的值，对应的隶属度为 1。

其中，γ 为一修正系数，$\gamma > 1$，反映的是具体指标在临界下限之后的恢复度以及修正具体指标在系统隶属度中的贡献。具体来讲，γ 值是一个相对值，表示具体指标在系统不可承载后要恢复到可承载临界值的难易程度。例如，用水土流失、城市水面率低（河湖萎缩）做个比较：

假如要保持 100 m² 大小的地方水土不流失 1 年需要 10 m³ 水，如果这 100 m² 大小的地方全部发生了水土流失，要恢复这里的生态环境，则需要比 10 m³ 多的水才可恢复；

而假如要保持 1 m² 的城市河湖的生态需水量 1 年需要 10 m³ 水，1 年只要保持城市河湖中有 10 m³ 的水就行，如果这 1 m² 的河湖萎缩，只要补充同样多的水

即可。

可见，对水土流失的治理和修复与对城市水面率的修复相比要难。因此，水土流失面积比的隶属度函数中，γ 值大一些。城市河湖水面率的隶属度函数中，γ 值等于 1。γ 从某种意义上说是各指标"权重"的反映。根据所有指标在实际生态修复中的难易程度，给出相应的 γ 值，取值为整数，取值范围为 1～3。

第二类隶属度函数，是适用于人均 GDP 及可承载人口的隶属度函数，采用夏军、左其亭、邵民诚提出的形式（夏军等，2003），见式（4.48）：

$$u = \frac{y - \beta}{y + \beta} \quad (y = \frac{x}{A}) \tag{4.48}$$

式中，β 为引入参数。规定人均 GDP、可承载人口实际值 $x=A$ 时，其对应的隶属度为 0.8。可承载人口以 1980 年的人口数作为可承载状态临界值，原因是 1980 年与水相关的生态环境问题不是太严重，而且实际人口也较多。

参 考 文 献

夏军，左其亭，邵民诚. 2003. 博斯腾湖水资源可持续利用——理论·方法·实践. 北京：科学出版社.

朱永华. 2004. 流域生态环境承载力分析的理论与方法及在海河流域的应用. 中国科学院地理科学与资源研究所博士后研究工作报告.

朱永华，任立良，夏军，等. 2005. 海河流域与水相关的生态环境承载力的研究. 兰州大学学报（自然科学版），41（4）：11-15.

朱永华，任立良，夏军，等. 2011. 缺水流域生态环境承载力的研究进展. 干旱区研究，28（6）：990-997.

朱永华，夏军，刘苏峡，等. 2005. 海河流域生态环境承载能力计算. 水科学进展，16（5）：649-654.

Zhu Y H，Drake S，Lü H S，et al. 2010. Analysis of temporal and spatial differences in eco-environmental carrying capacity related to water in the Haihe river basins，China. Water Resource Management，24（6）：1089-1105.

Zhu Y H，Drake S，Xia J，et al. 2005. The study of eco-environmental carrying capacity related to water. IAHS-AISH Publication，293：118-124.

Zhu Y H，Ren L L，Xia J，et al. 2009. The proportion of water usable distribution for sustainable development in Haihe river basins. IAHS-AISH Publication，335：219-223.

下篇 应用篇

第5章 长兴县与水相关的生态环境问题及其成因分析

5.1 长兴县概况

5.1.1 社会经济概况

长兴县（图 5.1 所示，119°33′E～120°06′E，30°43′N～31°11′N）是中国东部浙江省湖州市下辖的三县之一，位于湖州市的西北部、江浙皖三省交界处、太湖西岸，其下辖镇有雉城镇、洪桥镇、林城镇等。

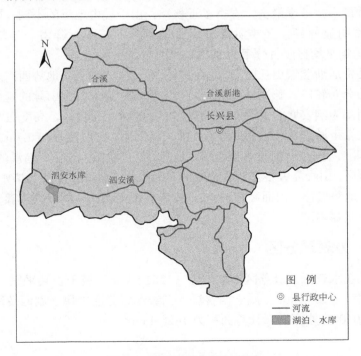

图 5.1　长兴县的位置示意图

2014 年底长兴县总人口 63.05 万人，占湖州市总人口的 23.90%，城镇化率达 58.5%（湖州市 59.8%），人口密度约 441.42 人/km^2（湖州市 453 人/km^2）；GDP 为 438.10 亿元，占湖州市总 GDP 的 22.40%；人均 GDP 为 6.96 万元（湖州市 6.69 万元）。长兴县总耕地面积 69.48 万亩（2007 年），人均耕地 1.10 亩，三产比例为 7：53：40。

5.1.2 自然状况

长兴县总面积 1431 km^2，降雨产水面积 1428.35 km^2。长兴县属太湖流域，平原河港交织，荡漾密布，山区为溪涧及山塘水库。长兴县的水系主要有西苕溪、泗安溪、箬溪和乌溪，除西苕溪、泗安溪为跨省、县河流以外，其余皆在长兴县境内。长兴县域内北部水系发源于西部山区，由西向东入太湖。北部干流水系有合溪港、长兴港、泗安塘等 31 条，全长 417.4 km，流域面积约为 1735 km^2，南部水系有西苕溪等 5 条，全长 59 km，流域面积 2275 km^2。境内的 20 条河能通航，全长 59 km，河泊有盛家漾等 20 个，面积约 6 km^2。

长兴县气候属于亚热带季风气候，多年平均降水量为 1347.7 mm，多年平均气温为 15.6℃。全年降水集中在 3～9 月，占年降水量的 75% 以上。降水季节分布特点是夏季最多，冬季最少，春季多于秋季。由于境内地形的不同，降水地理分布也存在着明显差异，冬季除部分山区地带外，基本无降雪。年均日照时为 1810.3h，历年平均日照百分率为 41%，光照分配较均匀。

长兴县位居浙北低山丘陵向太湖西岸平原过渡的地区，地势西高东低，东临太湖，山丘分布较广。长兴县南部属西苕溪流域，为天目山山脉的延伸，是低山丘陵区；西部为泗安塘的上游，以泗安为中心的黄土丘陵区，高度在 50～100m；中部为泗安塘下游，有以虹星桥为中心的长兴平原，田面高程在 2.7m 左右（1985 国家高程基准，下同），河道纵横交错，是易洪区；北部为合溪、乌溪的中、上游，为低山丘陵区，山峰高大多在 300～500m，互通山高 574m；东部为诸水系的下游，濒临太湖，地势低洼，田面高程在 1.7m 左右，河网密布，间以众多漾荡，受太湖洪水顶托，是易涝区。

5.1.3 水资源分区

长兴县在水资源五级分区中大部分（1262.5 km^2）属于长兴平原（图 5.2），还有一小部分（165.9km^2）属于西苕溪。三级流域分区中属于湖西及湖区，分区代码是 F120100。水资源量计算面积为 1428.4 km^2。

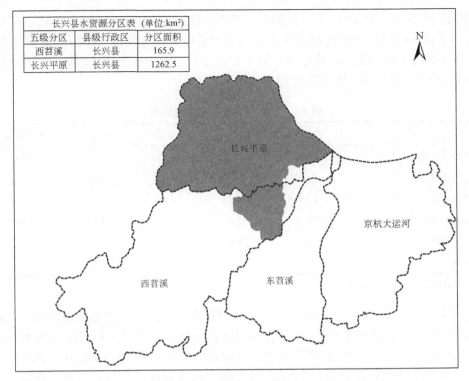

长兴县水资源分区表（单位:km²）		
五级分区	县级行政区	分区面积
西苕溪	长兴县	165.9
长兴平原	长兴县	1262.5

图 5.2　长兴县水资源分区图

5.2　水资源及社会经济发展状况分析

5.2.1　水资源及其开发利用状况分析

水资源量是指现状条件下，自然界可直接被人类在生产和生活中利用的水，指逐年可以得到恢复和更新，在较长时间内又可以保持动态平衡的淡水量。水资源量的衡量指标有多年平均降水量或多年平均河川径流量。研究区水资源总量在统计年鉴和水资源公报上均是指河川径流量，本书中也指河川径流量。长兴县水资源状况的特点如下。

（1）降水量多但水资源总量不多（表 5.1）。长兴县多年平均降水量为 19.25 亿 m³，但水资源总量只有 8.84 亿 m³，水资源总量与地表水资源量相同，不同年份也是同样的情况。

（2）降水量及水资源总量年际变化大（表 5.1）。降水量在 2011～2014 年的变化范围是 15.54 亿～22.44 亿 m³，同期水资源总量的变化范围是 4.75 亿～12.3 亿 m³。

（3）供水量低于水资源总量，人均水资源量较高。从 2011～2014 年数据来看，长兴县供用水量平衡，但均低于当地水资源总量，人均水资源量较高（表 5.1），为 1237 m³，属于人口密集区的高值。

表 5.1　长兴县水资源量及降水量

项目	2011 年	2012 年	2013 年	2014 年	多年平均
地表水资源量/亿 m³	6.62	12.3	4.75	8.12	8.84
地下水资源量/亿 m³	1.91	2.49	1.72	2.06	
地表水及地下水重复计算量/亿 m³	1.91	2.49	1.72	2.06	
水资源总量/亿 m³	6.62	12.3	4.75	8.12	8.84
人均水资源量/m³	1057	1908	735	1288	
降水量/亿 m³	17.19	22.44	15.54	20.61	19.25

资料来源：《湖州统计年鉴》。

（4）水资源开发利用程度较高，在极端枯水年可能会出现水资源危机。从水资源总体开发利用程度来看，长兴县超过国际公认水资源开发利用率 40%的警戒线，开发利用程度较高。长兴县水资源开发利用率（水资源开发利用率=现状年用水量/多年平均水资源总量）平均为 52.07%，但在极端枯水年水资源开发利用率会达到 57.05%以上（表 5.2）。长兴县水资源开发利用率基本稳定，在 49.43%～57.05%。原因是用水量稳中有降，但当地水资源量是河川径流量，随天气和气候变化而变化，在极端枯水年可能存在供水风险，开发利用率会有所提高。

表 5.2　长兴县水资源开发利用状况

年份	当地水资源量/亿 m³	用水总量/亿 m³	水资源开发利用率/%
2005	6.47	4.7268	53.47
2006	6.49	5.0429	57.05
2007	7.65	4.7122	53.31
2008	9.36	4.739	53.61
2009	10.33	4.4558	50.41
2010	9.83	4.4753	50.63
2011	6.62	4.4679	50.54
2012	12.3	4.5100	51.02
2013	4.75	4.5300	51.24
2014	8.12	4.3700	49.43
平均	8.19	4.6030	52.07

资料来源：2012～2014 年来自《湖州统计年鉴》，其余来自《长兴县节水型社会建设工作方案》（长兴县人民政府办公室，2014）。

表 5.3　长兴县 2011～2014 年的供水总量及用水总量

项目	2011 年	2012 年	2013 年	2014 年
供水总量/亿 m³	4.46	4.54	4.53	4.37
用水总量/亿 m³	4.46	4.54	4.53	4.37

资料来源:《湖州统计年鉴》。

（5）供用水量平衡，农业用水总量偏大。供用水量平衡，见表 5.3，2011～2014
年供水总量在 4.37 亿～4.54 亿 m³ 变化。用水结构中，农业用水偏多，生态环境
用水最少。当前用水量结构（表 5.4 和表 5.5）中，农田灌溉用水量最多，第二是
工业用水量，第三是林牧渔畜业用水量，第四是居民生活用水量（表 5.6），第五
是城镇公共用水量，包括建筑业和服务业，见表 5.7，第六是生态环境补水。农业
用水量，包括农田灌溉用水量和林牧渔畜业用水量（表 5.4），占到 69%～74%；
工业用水量占到 14%～16%；居民生活用水量占到 6%～8%；城镇公共用水量占
到 3%～5%；生态环境补水包括城镇环境和农村生态两部分（表 5.7），只占到 1%～
4%。长兴县的农村生态环境补水在 2001 年才开始考虑。

表 5.4　长兴县 2011～2014 年各项用水量　　　　　（单位：亿 m³）

项目	2011 年	2012 年	2013 年	2014 年
农田灌溉用水量	2.7983	2.896	2.4449	2.3681
林牧渔畜业用水量	0.5197	0.4661	0.6766	0.6572
工业用水量	0.6298	0.6881	0.705	0.6433
居民生活用水量	0.333	0.2935	0.3145	0.316
城镇公共用水量	0.1451	0.1461	0.2063	0.2039
生态环境补水	0.0346	0.0479	0.1793	0.1812

资料来源:《湖州统计年鉴》。

表 5.5　长兴县 2011～2014 年用水各项占总用水量的比例　　（单位：%）

项目	2011 年	2012 年	2013 年	2014 年
农业用水	74.4	74.06	68.91	69.23
工业用水	14.12	15.16	15.56	14.72
居民生活用水	7.47	6.47	6.94	7.23
城镇公共用水	3.25	3.22	4.55	4.67
生态环境补水	0.78	1.06	3.96	4.15

资料来源:《湖州统计年鉴》。

表 5.6 2010~2011 年居民生活用水量分配

年份	居民生活用水量/亿 m³		
	城镇	农村	小计
2010	0.1092	0.1851	0.2943
2011	0.2312	0.1018	0.3330

资料来源：2010 年、2011 年湖州市水资源公报（湖州市水利局，2013）。

表 5.7 2010~2011 年生态环境补水量及城镇公共用水量分配

年份	生态环境补水量/亿 m³			城镇公共用水量/亿 m³		
	城镇环境	农村生态	小计	建筑业	服务业	小计
2010	0.0230	0	0.0230	0.0194	0.1028	0.1222
2011	0.0260	0.0086	0.0346	0.0492	0.0959	0.1451

资料来源：2010 年、2011 年湖州市水资源公报（湖州市水利局，2013）。

（6）供水量与用水量的对比：长兴县的供水量包括地表水、地下水和非常规水源，见表 5.8，其中地下水只用于工业用水量[见 2010~2013 年湖州市（湖州市水利局，2013）水资源公报]。供水量中地表水供水量和地下水变化基本稳定，但非常规水源量自 2009 年开始有并逐年增加。用水量中生态环境用水量逐年增加。供水量主要靠地表水，用水量主要是农业。

表 5.8 2005~2011 年供、用水量 （单位：亿 m³）

年份	供水量				用水量					
	地表水	地下水	非常规水源	合计	农业	工业	生活	城镇公共	生态环境	合计
2005	4.69	0.04	0	4.73	3.35	0.98	0.27	0.12	0.02	4.73
2006	5.01	0.04	0	5.04	3.65	0.99	0.24	0.14	0.02	5.04
2007	4.68	0.04	0	4.71	3.40	0.95	0.25	0.10	0.02	4.71
2008	4.70	0.04	0	4.74	3.30	1.07	0.26	0.10	0.02	4.74
2009	4.37	0.04	0.05	4.46	3.57	0.49	0.28	0.11	0.02	4.46
2010	4.47	0.04	0.07	4.58	3.58	0.55	0.29	0.12	0.02	4.58
2011	4.34	0.04	0.09	4.47	3.32	0.64	0.33	0.15	0.04	4.47

资料来源：《长兴县节水型社会建设工作方案》（长兴县人民政府办公室，2014）。

（7）用水量和耗水量的对比：由表 5.8 和表 5.9 及图 5.3 可看出，长兴县的供水量远大于实际耗水量，农业、工业、生活用水和城镇公共用水及生态环境用水方面都有节水空间，其中农业节水空间较大，工业节水空间次之。

表 5.9　2005～2011 年耗、排水量 　　　　　（单位：亿 m³）

年份	耗水量						排水量	
	农业	工业	生活	城镇公共	生态环境	合计	废污水排放量	入河污水量
2005	2.05	0.21	0.19	0.04	0.02	2.50	0.42	0.36
2006	2.24	0.22	0.1722	0.0466	0.02	2.67	0.43	0.37
2007	2.11	0.24	0.1784	0.0376	0.02	2.58	0.46	0.39
2008	2.05	0.59	0.1819	0.0383	0.0154	2.87	0.51	0.3
2009	2.2	0.25	0.1903	0.0386	0.0018	2.68	0.32	0.19
2010	2.22	0.25	0.1994	0.0444	0.0023	2.71	0.4	0.24
2011	2.05	0.28	0.1559	0.0632	0.0251	2.57	0.52	0.31

资料来源：《长兴县节水型社会建设工作方案》（长兴县人民政府办公室，2014）。

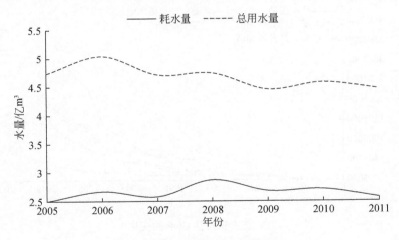

图 5.3　总用水量及耗水量的变化

5.2.2　社会经济发展状况分析

利用 2007～2015 年《湖州统计年鉴》中的数据对长兴县社会经济发展状况进行分析。

长兴县 GDP 在 1990 年前处于低速增长期，在 1990～2003 年处于中速增长期，从 2003 年开始到现在迎来了高速增长期。长兴县人口在 1986 年前增长速度较快，

1986 年后有所变慢（图 5.4）。长兴县经济发展主要在于第二产业（工业）和第三产业，第一产业发展缓慢（图 5.5）。

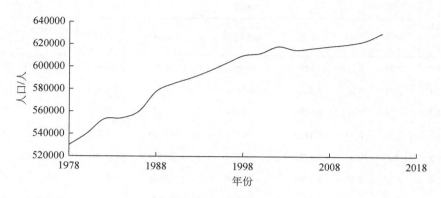

图 5.4　长兴县人口的变化

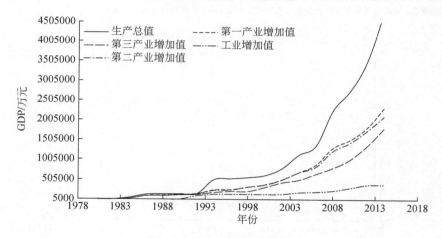

图 5.5　长兴县 GDP 的变化

　　长兴县城市化水平（图 5.6）在 2003 年为 40%，于 2014 年达到 58.5%，已经高于我国 2014 年的平均城镇化率 56.1%[①]，这说明长兴县的城市化速度发展很快，但从图 5.7 中可以看出，长兴县非农业人口占总人口的比重较低，且自 2005 年以来并无太大增长。城镇化率及非农业人口比重的变化反映出长兴县从事农业生产的人口在大大减少。

――――――――――
① 新型城镇化如何"推陈出新".经济日报.http://www.sohu.com/a/71813253_362201.

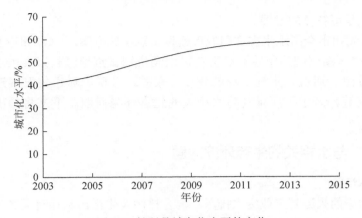

图5.6　长兴县城市化水平的变化

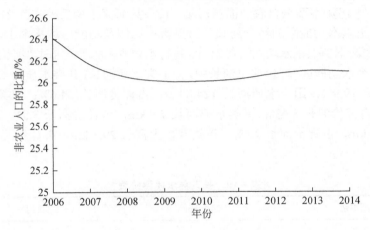

图5.7　长兴县非农业人口占总人口的比重的变化

5.3　主要与水相关的生态环境问题及原因

长兴县属于太湖流域，其由水质型缺水引起的生态环境问题比较严重，阻碍了长兴县的可持续发展，这是由于长兴县经济发展较快而当地可用水资源已不足以同时满足快速的社会经济发展与良好的生态环境需求，同时社会经济发展产生的少部分工业废水、生活污水、面源污水直接排入或渗入河流和地下，另外来自县域外的客水的水质较差。为了解决长兴县与水相关的生态环境问题，使其社会经济可持续发展，最根本的办法就是进行长兴县与水相关的生态环境承载力研究，确定长兴县与水相关的生态环境承载力，在生态环境承载力的约束下进行社会经济发展，才是可持续的发展。

根据《湖州市全国水生态文明城市建设试点实施方案》[①]《湖州市水资源保护规划报告》[②]《湖州统计年鉴》等资料，太湖流域试点地区长兴县由于人类通过农业活动排污、通航、水利工程的建设、采砂、开矿、城市化发展速度快与城市化水平高等，产生了严重的与水相关的生态环境问题。下文将列出具体问题及其原因。

5.3.1　与水相关的生态环境问题

1. 水体污染

水体污染的来源是工业废水排污、混合排污及生活污水还有面源污染。受污染的水体主要有河流和水库。河流污染主要来自排污口，水库污染主要来自面源污染，地下水污染主要来自农业面源污染。长兴县河流污染反映在其 21 个水功能区和 12 个重点水功能区的污染河长、污染所占比例及功能区达标率上。

河流污染。长兴县的水功能区有 21 个，进行水功能区水质评价时总河长 193.1 km，分属于 21 个水功能区。评价的总河长中，无 I 类水质河长；II 类水质河长 38.5 km，占评价河长 19.9%；III 类水质河长 124.8 km，占评价河长 64.6%；IV 类水质河长 16.7 km，占评价河长 8.6%；V 类水质河长 7.5 km，占评价河长 3.9%；劣 V 类水质河长 5.6 km，占评价河长 2.9%。IV 类及以上河长 29.8 km，占评价河长 15.4%，见表 5.10。

表 5.10　长兴县水质评价表[②]

水质类别	河长/km	比例/%
I 类	0	0
II 类	38.5	19.9
III 类	124.8	64.6
IV 类	16.7	8.6
V 类	7.5	3.9
劣 V 类	5.6	2.9
小计	193.1	100

① 湖州市人民政府.2014. 湖州市全国水生态文明城市建设试点实施方案（报批稿）.
② 浙江中水工程技术有限公司，水利部太湖流域管理局水利发展研究中心.2015. 湖州市水资源保护规划（报批稿）.

长兴县有 12 个重点水功能区，对重点水功能区进行水质评价时总河长 120.6 km，其中无 I 类水质河长；II 类水质河长 26.5 km，占评价河长 22.0%；III 类水质河长 88.5 km，占评价河长 73.4%；无 IV 类和 V 类水质河长；劣 V 类水质河长 5.6 km，占评价河长 4.6%，见表 5.11。

表 5.11　长兴县重点水功能区河水水质评价表[①]

水质类别	河长/km	比例/%
I 类	0	0
II 类	26.5	22
III 类	88.5	73.4
IV 类	0	0
V 类	0	0
劣 V 类	5.6	4.6
小计	120.6	100

长兴县全年期水质评价 21 个水功能区，评价河长 193.1 km，水质达到III类及以上的水功能区 17 个、河长 163.3 km，分别占参评水功能区的 81.0%、84.6%。按照全指标评价，水质达标水功能区 12 个，达标率 57.1%；按照双指标评价，水质达标水功能区 14 个，达标率 66.7%（表 5.12）。12 个重点功能区中，按照全指标评价，水质达标水功能区 8 个，达标率 66.7%；按照双指标评价，水质达标水功能区 8 个，达标率 66.7%，见表 5.13。

表 5.12　长兴县水功能区达标率统计表

总数/个	河长/km	全指标			双指标		
		达标功能区/个	达标功能区河长/km	功能区个数达标率/%	达标功能区/个	达标功能区河长/km	功能区个数达标率/%
21	193.1	12	134.3	57.1	14	151	66.7

资料来源：湖州市水资源保护规划（报批稿）（浙江中水工程技术有限公司和水利部太湖流域管理局水利发展研究中心，2015）。

表 5.13　长兴县重点水功能区达标率统计表[①]

总数/个	河长/km	全指标			双指标		
		达标功能区/个	达标功能区河长/km	功能区个数达标率/%	达标功能区/个	达标功能区河长/km	功能区个数达标率/%
12	120.6	8	100	66.7	8	100	66.7

[①] 浙江中水工程技术有限公司，水利部太湖流域管理局水利发展研究中心. 2015. 湖州市水资源保护规划（报批稿）.

长兴县入河排污口 11 个。入河排污量中，废污水量 2680.8 万 t/a，其中 COD、氨氮、TN、TP 入河量分别为 1340.4 t/a、134.4 t/a、402.1 t/a、13.4 t/a，见表 5.14。

表 5.14　长兴县从排污染口入河的排污类型及数量[①]

类型	废污水量/（万 t/a）	COD/（t/a）	氨氮/（t/a）	TN/（t/a）	TP/（t/a）
数量	2680.8	1340.4	134.4	402.1	13.4

河流污染主要是外源污染，也有内源污染。外源污染主要包括工业废水、生活污水及农业面源污染，内源污染包括底泥污染、水产养殖污染、航运污染，入河、湖、库的面源污染包括农村生活污水与固体废弃物、化肥农药使用情况、畜禽养殖和工业企业污染（张敏等，2010）。

水库污染。水库污染既包括内源污染——底泥污染，也包括进入水库的面源污染。长兴县现有 35 座水库。其中，大中型水库 4 座。以合溪水库为例，长兴县进入合溪水库的面源污染型有农村生活、农业、畜禽养殖和城镇地表污染型，年面源污染物负荷量 COD、氨氮、TN、TP 分别为 3438.61 t/a、360.98 t/a、1228.00 t/a、327.04 t/a，见表 5.15。

表 5.15　长兴县合溪水库受到的面源污染物排放量统计表[①]　（单位：t/a）

类型	COD	氨氮	TN	TP
农村生活	949.42	108.99	200.52	47.59
农业	189.03	69.73	697.31	205.94
畜禽养殖	2281.14	181.73	329.52	73.51
城镇地表	19.02	0.53	0.65	0
小计	3438.61	360.98	1228.00	327.04

发生水体污染的根本原因是入河湖污染物量超过了纳污能力（表 5.16），面源污染难以控制。面源污染已对长兴县水源地合溪水库产生影响，要削弱面源污染对水源地的影响，需要采取措施控制面源污染。

表 5.16　长兴县 2010 年污染物总量控制成果表　（单位：t/a）

污染物	入河湖污染物量（2010 年）	纳污能力
COD	11998	8004
氨氮	736	334
TP	192	41
TN	3253	657

资料来源：《太湖流域水环境综合治理总体方案》修编（水利部分）（湖州市水利局，2013）。

[①] 浙江中水工程技术有限公司，水利部太湖流域管理局水利发展研究中心. 2015. 湖州市水资源保护规划（报批稿）.

浅层地下水污染。长兴县地下水埋藏较浅，平均埋深 1～3 m，开采较为容易，因此长兴县大量开采使用浅层地下水，虽然近年来随着基础设施的加强，全县大部分地区居民生活饮水已改为自来水，但是其他生活用水仍以浅层地下水为主。长兴县的浅层地下水已受到三氮（氨氮、硝酸盐和亚硝酸盐）污染，三氮污染最严重的地区主要为农业活动集中区，即夹浦镇、小浦镇、洪桥镇和虹星桥镇等，其中虹星桥镇硝酸盐污染最为严重，高达 22 mg/L（潘田和张幼宽，2013）。这四个镇都是水稻-小麦（油菜）轮作区，施肥量大，人口密集，并使用河水灌溉，相当一部分污水排入河中再通过灌溉渗入地下水。另外，当地井水也受到农村生活污水和动物排泄物氮的直接影响。因此，浅层地下水污染主要是由农田渗滤和被污染的井水扩散所造成的。

长兴县地表水（河、湖、库）污染的直接原因是排污量加大已经超过纳污量。这可能也与河湖口门不通畅、河流纵向连通性不好、河岸弯曲度降低、河岸硬化、河岸带变窄、河岸植被覆盖率降低以及生物多样性锐减造成的水生生态系统自组织和自我调节能力降低有关。另外，过境客水的水环境差可能也是水体污染的原因。浅层地下水污染主要发生在农业活动集中区，原因是农田渗滤和被污染的井水扩散。

2. 水生生物多样性降低

在长兴县所在的西苕溪水系，通航、挖沙、开矿等人类活动，造成河道形态改变、水体含沙量大、水流速度不稳定、水体热污染、水体透明度低等，致使水中水生生物多样性锐减，浮游植物、浮游动物、底栖动物、水生维管束植物及沉水植物及鱼类均大幅度减少，完全不能发挥水生生物对环境的修复功能（表 5.17）。

表 5.17　长兴县所在的西苕溪水系的水生生物多样性的变化及其原因[①]

项目	浮游植物	浮游动物	底栖动物	水生维管束植物	鱼类
历史	7 门 68 属种	68 属种	101 种	52 种	84 种
现状	大幅减少	偏少	15 种	大幅减少（沉水植物少）	大幅减少，不可捕捞
原因	通航，水体含沙量大、透明度低，形态变迁	水体含沙量大、浮游植物减少	挖沙、开矿、通航	通航	水质污染、采沙、开矿泥沙含量偏高

3. 水面率较低

据《长兴县节水型社会建设工作方案》可知，长兴县全县 2011 年总水域面积为 87.787 km²，全县水域容积为 24946.5 万 m³，水域面积率为 6.14%，还达不到

---

① 湖州市人民政府. 2014. 湖州市全国水生态文明城市建设试点实施方案（报批稿）.

基本实现区域河网水体有序流动、河湖生态水量得到基本保证、生物多样性逐步恢复的要求，更谈不到水域水面率保持稳定态势，流域河网水体有序流动状况进一步改善，河湖生态水量得到全面保证，水生态系统转向良性循环[湖州市水资源保护规划（报批稿），2015]（长兴县人民政府办公室，2014）。

4. 河道淤塞、纵向连通性较差

河道淤塞、纵向连通性较差主要由航运、采砂、开矿、河滨水利设施建设及垃圾堆积等造成，乡村河流的垃圾堆积也是其原因之一。长兴水系原有 37 条溇港排入太湖，由于受淤积影响和修建环湖大堤封堵小溇港等，目前尚有上周港、金村港、夹浦港、沉渎港、双港、合溪新港、长兴港、杨家浦港和南横港 9 条入湖河道[湖州市全国水生态文明城市建设试点实施方案（报批稿）]（湖州市人民政府，2014）。

5. 城市洪涝

长兴县所在的长兴平原的防洪标准还未达到规划防御标准，平原圩区建设后，防洪排涝能力不足，洪水风险仍旧存在，原因如下。

（1）城市上游属于山区丘陵地带，山区天然植被已经被生物多样性锐减、覆盖率不高的人工植被代替，结果造成了洪水洪峰集中、洪量大，当入湖水量过大时会抬高湖水位，加大城市防洪压力（白炳书，2014）。

（2）河道、水库的淤塞，排洪能力、有效库容的减少，减弱洪水的消纳能力。

（3）城市化发展速度快，城市化水平高。城市硬化面积增加而排洪口分布不合理或城市蓄洪空间不足都会造成城市洪涝。

6. 水土流失

首先是山区坡度 25°以上地区的水土流失。长兴县位于以水力侵蚀为主的南方红壤丘陵区，水土流失主要为坡面面蚀，土壤侵蚀模数背景值为 250 t/（km^2·a），小于容许土壤流失量 500 t/（km^2·a），属微度侵蚀区。土地利用类型主要为耕地和林地，林草植被覆盖度为 32%，并以人工植被为主。山地水土流失的原因主要是生物多样性丰富的灌木山坡被不断扩大的茶树种植面积所代替（白炳书，2014），致使植物单一化且植被覆盖度低，水土流失加大。

目前，水土保持工作相对滞后造成的植被破坏依然存在，开矿弃土弃渣直接裸露于地表并随雨水进入河道的现象较为普遍，少数地区在山林开发建设中未及时采取相应措施甚至违规开发坡度 25°以上区域，造成较为严重的水土流失。长兴县的水土流失面积有 38.2 km^2[1]（图 5.8）。

其次是河道行洪排涝较差频繁诱发水土流失。长兴县是以水质维护为主的水

---

① 湖北市人民政府.2014.湖州市全国水生态文明城市建设试点实施方案（报批稿）.

土保护类型区，中部平原地区河网密集，且多数均要通航，通航河道底部淤积，每年河道清淤将产生较大的土方；山区河道防洪排涝能力较差，每遇台风、暴雨，很多山溪性河流容易形成漫流，河道两侧缺乏护岸等防冲刷措施，水流冲刷河岸，不仅产生较大的水土流失，也将造成洪涝灾害[①]。

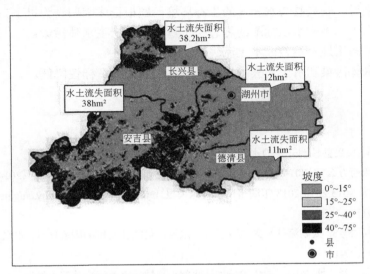

图 5.8　湖州市坡度及主要水土流失情况分布

　　最后是开发建设项目产生水土流失。近年来，长兴县开发建设项目较多，以产业平台建设为主，在项目动工前相关部门严抓水土保持方案的编制和审批工作，但是部分项目在建设的过程中未按水土保持方案设计的防护措施进行水土流失防治工作，造成了一定的水土流失[①]。

　　综合上述，长兴县主要与水相关的生态环境问题可以概括为水环境（水体污染）、水生态（天然河道淤塞、水生生物多样性降低、城市洪涝及水土流失）两个方面。

5.3.2　与水相关的生态环境问题成因

　　长兴县存在以上与水相关的生态环境问题，原因可能是经济（尤其是工业）发展速度较快（图 5.5～图 5.7），排污量大而纳污量不大；产水量大，但水资源量不大。

　　长兴县的城市化速度发展很快，但长兴县非农业人口本身很低，且自 2005

―――――――――
① 长兴县水利局，杭州大地科技有限公司.2015. 长兴县水土保持规划（报批稿）.

年以来无较大增加，而随着城市化水平的提高，城镇生活人口在增加，实际农业从业人数在减少，化肥和农药使用增加，种植结构趋向单一，进一步引起面源污染排放、城市排洪压力加大，山区水土流失可能性加大，地表水及浅层地下水污染的产生。

总的来说，长兴县与水相关的生态环境问题根据成因归结为以下三大类。

（1）由于达不到水质标准的生态用水量不足，产生水体污染；

（2）生态用地不足造成水土流失；

（3）水体污染和水土流失等导致城市洪水及生物多样性降低。

参 考 文 献

白炳书. 2014. 长兴县坡地开发的水土流失防治措施. 中国水土保持，4：36-37.

长兴县人民政府办公室. 2014. 《长兴县节水型社会建设工作方案》长政办发〔2014〕52 号.

湖州市水利局. 2013.2010-2013 年湖州市水资源公报. http：//www.huzhou.gov.cn/zjhz/index.html.
[2016-05-01].

潘田，张幼宽. 2013. 太湖流域长兴县浅层地下水氮污染特征及影响因素研究. 水文地质工程地质，40（4）：7-12.

张敏，刘庆生，刘高焕. 2010. 浙江省长兴县北部小流域非点源污染估算与控制. 临沂师范学院学报，32（3）：30-35.

第6章 长兴县与水相关的生态环境承载状态试评价

以 2014 年为计算的基准年,进行太湖流域湖州市长兴县与水相关的生态环境承载状态试评价。用 MATLAB 编程。

6.1 与水相关的生态环境承载状态的计量方案

6.1.1 计量模型

采用的计量模型就是本书 4.3.1 节所描述的适用于太湖流域某一区域的"承载状态的计量模型——承载状态综合测度模型",见式(4.1)~式(4.4)。

6.1.2 计量指标的界定

参考太湖流域与水相关的生态环境承载力的计量指标体系,基于本书第 5 章分析的长兴县实际的水资源特点、与水相关的生态环境问题及社会经济特点和指标选择遵循的原则(6.1.2 节第 1 部分),长兴县生态环境承载力的量化指标体系见 6.1.2 节中第 2 部分至第 4 部分。

1. 选择指标遵循的原则

1)代表性原则

与水相关的生态环境承载力的组成因子众多,各因子之间相互作用、相互联系构成一个复杂的综合体。评价指标体系不可能包括全部因子,只能从中选择最具有代表性、最能反映承载力本质特征的指标。

2)全面性原则

与水相关的生态环境承载力描述的人类生态系统是一个由多种因素组成的复杂综合体,包括水(土)资源、与水相关的生态环境、社会经济三方面,因此,选取指标要尽可能地反映生态系统各个方面的特征。

3)综合性原则

人类生态环境是水(土)资源、与水相关的生态环境、社会经济构成的复合系统，各组成因子之间相互联系、相互制约，每个状态或过程都是各种因素共同作用的结果。因此，评价指标体系中的每个指标都应是反映本质特征的综合信息因子，都能反映整个系统的整体性和综合性特征。

4）简明性原则

指标选取以能说明问题为目的，要有针对性地选择有用的指标，指标繁多反而容易顾此失彼，重点不突出，掩盖问题的实质。因此，评价指标要尽可能的少，评价方法要尽可能的简单。

5）方便性原则

指标的定量化数据要易于获得和更新。虽然有些指标对承载力有极佳的表征作用，但数据缺失或不全，就无法进行计算和纳入评价指标体系。因此，选择的指标必须实用可行，可操作性强。

6）适用性原则

易于推广应用。从空间尺度来讲，选择的评价指标具有广泛的空间适用性，对不同的区域而言，都能运用所选择的指标对其区域的生态环境质量做出客观的评价。

2. 长兴县水资源短缺问题的度量指标的确定

长兴县的水资源短缺主要表现为人均水资源量低及用水结构不合理（农田灌溉用水占用水量的比例最大及火核电用水及高用水工业用水占比大）。农田灌溉水有效利用系数不高造成农田灌溉用水量太大及工业结构不合理（高耗水工业占比大），其分别产生：①农田灌溉用水占用水量的比例最大；②火核电用水及高用水工业用水占比大。长兴县农田排污、火核电用水及高用水工业的排污水量大。虽当地河川径流量大，但水体污染且可供水量少，致使人均水资源低，水资源短缺。因此，建立表征长兴县水资源短缺的指标体系，见表 6.1。

表 6.1 表征长兴县水资源短缺的指标体系

水资源短缺问题		一级度量指标	二级度量指标
人均水资源量低			人均水资源量
用水结构不合理	农田灌溉用水量占用水量的比例最大	水量余缺指数	农田灌溉水有效利用系数
	火核电用水及高用水工业用水占比大		工业用水定额（万元工业增加值用水）

3. 长兴县与水相关的生态环境质量的度量指标的确定

考虑到既能刻画长兴县与水相关的生态环境问题，又能与用水量联系起来，参考表 4.4，并结合长兴县实际，确定出长兴县与水相关的生态环境质量的度量指标体系，见表 6.2。其中下划线的指标是在建立互动关系模型时与水量可以联系起来的指标；一级指标是度量与水相关的生态环境系统对社会经济系统的承载状态时所用的指标。天然河湖健康指数、区域绿化指数及城市河湖健康指数合起来可称为水生态健康指数。

表 6.2　长兴县与水相关的生态环境问题及其量化指标体系

与水相关的生态环境问题		一级指标	二级度量指标	水量
水环境	水体污染	污染指数	COD 排放量、氨氮排放量、TP 排放量、TN 排放量	工业、农业及生活用水量
水生态	天然河道淤塞	天然河湖健康指数	河流纵向连通度、河湖年均水深、河湖水面率及水质、河岸弯曲度	天然河道生态用水量
	水生生物多样性锐减		生物丰度指数	
	城市生物多样性简单	区域绿化指数	植被覆盖度、生物丰度指数、灌溉水量及水质	城市绿化用水量
	城市洪水	城市河湖健康指数	城市水面率、水质、河岸宽度及河岸植被覆盖度、渗滤性河岸长度比	城市河湖用水量
	山区水土流失	水土保持指数	水土流失面积比及山区面源污染负荷指数	山区水土保持用水量

其中，生物丰度指数的确定包括生物丰度指数分权重（见表 6.3）、计算方法，所涉及指标术语的注解（万本太和张建辉，2004）详述如下。

表 6.3　生物丰度指数分权重

生态系统	森林		水域			草地			其他
权重	0.5		0.3			0.15			0.05
结构类型	常绿阔叶林	针叶林	河流	湖泊水库	湿地	高覆盖草地	中覆盖草地	低覆盖草地	农田沙漠等其他类型
分权重	0.6	0.2	0.1	0.3	0.6	0.6	0.3	0.1	0.05

1）计算方法

生物丰度指数=（0.5×森林面积+0.3×水域面积+0.15×草地面积+0.05×其他）/区域面积

2）生物丰度所涉及的指标术语注解

（1）常绿阔叶林。常绿阔叶林指生长于亚热带地区大陆东岸湿润季风气候下的森林植被。其主要由樟科、壳斗科、山茶科、木兰科、金缕梅科等常绿阔叶树组成，林相较整齐，林冠微波起伏，林下都有明显的灌木层和草本层。数据来源于遥感、统计数据，可根据植被类型图与土地利用图套合计算求得，各地可根据当地植被数据的详细程度具体确定。单位：km^2。

（2）针叶林。针叶林指以针叶树为建群种的各种森林群落的总称。其具有明显的外貌特征，群落的层次分化较明显，包括乔木层、乔木亚层、灌木层、草本层及苔藓层。建群种都是由多年生裸子植物质，并且具有针形、条形或鳞形叶的乔木树种组成的，其生物生产力较高。针叶林的类型复杂，在亚热带地域有一定分布，主要分布在亚热带丘陵地区及山地。数据来源于遥感、统计数据，可根据植被类型图与土地利用图套合计算求得，各地可根据当地植被数据的详细程度具体确定。单位：km^2。

（3）河流。河流指天然形成或人工开挖的河流及主干渠常年水位以下的土地，其中，人工渠包括堤岸。数据来源于中国国家基础地理信息中心1：25万基础数据。生物丰度指数中的"河流"单位为 km^2。

（4）湖泊水库。湖泊水库包括天然湖泊和人工水库两类。湖泊指天然形成的积水区常年水位以下的土地。水库坑塘指人工修建的蓄水区常年水位以下的土地。单位：km^2。

（5）湿地。湿地指滩地型湿地，即河、湖水域平水期水位与洪水期水位之间的土地。单位：km^2。

（6）高覆盖草地。高覆盖草地指覆盖度＞50%的天然草地、改良草地和割草地。此类草地一般水分条件较好，草被生长茂密。单位：km^2。

（7）中覆盖草地。中覆盖草地指覆盖度在20%～50%的天然草地、改良草地。此类草地一般水分不足，草被较稀疏。单位：km^2。

（8）低覆盖草地。低覆盖草地指覆盖度在5%～20%的天然草地。此类草地一般水分缺乏，草被较稀疏，牧业利用条件差。单位：km^2。

4. 长兴县社会经济水平的度量指标的确定

长兴县的社会经济水平指标（7个指标）是参照太湖流域的社会经济指标体系（表6.4）并根据所要考虑的实际问题而定的。

表6.4　长兴县社会经济水平指标体系

指标	单位	计算公式及含义
人均 GDP	元	GDP/总人口
可承载人口	万人	预测年的生活用水量/预测年的人均生活用水定额
第三产业的比重	%	第三产业的产值与总产值之比

续表

指标	单位	计算公式及含义
单方水农业 GDP	元/m³	农业产值增加值/农业用水量
人均粮食占有量	kg	粮食产量与总人口之比
城镇化率	%	基准年城市人口/总人口
工业用水定额	m³/万元	

基于 6.1.2 节第 2 部分至第 4 部分的内容，再根据数据的可得性，计量承载状态的各个指标的界定如下。

水资源余缺水平用水量余缺指数表示。水量余缺指数用人均水资源量、水资源开发利用率及农田灌溉水有效利用系数表示。

与水相关的生态环境质量用水生态指标及水环境指标表示。水环境指标表示为水污染指数；水生态指标表示为水生态健康指数。水污染指数用 COD 入河量、氨氮入河量、TP 入河量和 TN 入河量表示；水生态健康指数用天然河湖健康指数、区域绿化指数、城市河湖健康指数及水土保持指数表示。天然河湖健康指数用河流纵向连通度、河湖年均水深（计量中用河流生态需水保证率代替）、水质等于或优于Ⅲ类的河长比及河岸弯曲度表示；区域绿化指数用植被覆盖率及生物丰度指数表示；城市河湖健康指数用水面率、城市河湖水质表示；水土保持指数用水土流失面积比表示。

社会经济水平用人均 GDP、可承载人口、工业用水定额、第三产业的比重、单方水农业 GDP、人均粮食占有量、城镇化率表示。

6.1.3　计量指标在综合测度中的权重的确定

水资源余缺水平指标、与水相关的生态环境质量、社会经济水平指标在综合测度中的权重可采用层次分析法确定，但由于涉及指标过多，难以克服层次分析法的主观性，因此实际计算中按熵权法确定权重。熵权法是一种在综合考虑各因素提供信息量的基础上计算一个结构性指标的数学方法（马宇翔等，2015）。作为客观综合定权法，其主要根据各指标之间的关联程度及其传递给决策者的信息量大小来确定权重（贾艳红等，2006；吴玉鸣和柏玲，2011）。作为一种客观赋权法，熵权法在一定程度上减少主观因素带来的偏差，其确定权重的基本原理和实施步骤如下。

假设由 n 个样本、m 个指标构成的矩阵为

$$R' = \left(r'_{ij}\right)_{(m \times n)} \quad (i = 1, 2, \cdots, m; j = 1, 2, \cdots, n) \tag{6.1}$$

式中，r'_{ij} 为第 j 个样本在第 i 个指标上的统计值。为消除指标间不同单位的影响，对 R' 进行标准化，得到各指标标准化矩阵：

$$R = (r_{ij})_{m \times n} \tag{6.2}$$

采用极值法对统计数据进行标准化。标准化公式有以下两种情形。

（1）对与计算目标呈正相关的指标：

$$r_{ij} = \frac{r'_{ij} - \min |r'_{ij}|}{\max_j |r'_{ij}| - \min_j |r'_{ij}|} \tag{6.3}$$

（2）对与计算目标呈负相关的指标：

$$r_{ij} = \frac{\max_j |r'_{ij}| - r'_{ij}}{\max_j |r'_{ij}| - _i \min |r'_{ij}|} \tag{6.4}$$

然后，计算各指标的信息熵。第 i 个指标的熵 H_i 定义为

$$H_i = -k \sum_{j=1}^{n} f_{ij} \cdot \ln f_{ij} \tag{6.5}$$

$$f_{ij} = \frac{r_{ij}}{\sum\limits_{j=1}^{n} r_{ij}}, \quad k = \frac{1}{\ln n} \ (\text{当} f_{ij} = 0 \text{时}, \ f_{ij} \cdot \ln f_{ij} = 0) \tag{6.6}$$

则第 i 个指标的熵权 ω_i：

$$\omega_i = \frac{1 - H_i}{m - \sum\limits_{i=1}^{m} H_i} \tag{6.7}$$

值得注意的是，各评价对象在指标上的值相差越大，其熵值越小；而熵值越大，说明该指标向决策者提供的有用信息越多。它并不表示某评价研究中某指标在实际意义上的重要性，而是在给定被评价对象集后各种评价指标值确定的情况下，各指标在竞争意义上的相对激烈程度系数。从信息角度考虑，它代表该指标在该问题中提供有用信息量的多寡。

6.1.4 计量指标的标量化

承载状态的计量指标的标量化将通过对各指标的临界承载状态值与完全承载状态值的确定及隶属度函数的构建来实现。

1. 计量指标的承载特征值确定及其依据

1）水资源余缺水平指标的承载特征值的确定依据

水资源余缺水平指标的承载特征值见表 6.5。

表 6.5　水资源余缺水平指标的承载特征值

指标	不可承载状态值 A_0	可承载状态临界值 A	完全承载状态临界值 A_1
人均水资源量/m³	400	550	4000
水资源开发利用率/%	60	40	20
农田灌溉水有效利用系数	0.5	0.6	0.7

（1）人均水资源量。根据联合国教科文组织有关水资源研究的参考标准，从社会经济发展需求来看，国家或地区的人均水资源量大于 3000m³ 为相对丰水，2000～3000m³ 为轻度缺水，1000～2000m³ 为中度缺水，1000m³ 以下为重度缺水（钟世坚，2013）。人均水资源量根据联合国教科文组织有关水资源研究的参考标准及借鉴朱一中等（2003）的"西北地区水资源承载力分析预测与评价"和任黎等（2015）的"江苏沿海地区水资源承载力研究——以盐城市为例"，并结合当地的实际来确定。这里的水资源量指地表水量和地下水量之和减去二者的重复量。

（2）水资源开发利用率。水资源开发利用率（=用水量/水资源量）：水资源供需指标一定程度上表征了水资源利用潜力，但是没有考虑客水资源。水资源开发利用率指除生态环境用水之外的用水量/当地平均水资源量。

水资源开发利用率不可承载状态值、可承载状态临界值及完全承载状态临界值取值参考《河流健康评估指南》[①]中的水资源开发利用程度赋分表（表 6.6），最后分别定为 60%、40% 和 20%。

表 6.6　水资源开发利用程度赋分表（钟世坚，2013）

开发利用率/%	南方	≤20	30	40	50	≥60
	北方	≤40	50	67	75	≥90
计算分值		100	80	50	20	0

（3）农田灌溉水有效利用系数。参考《水生态文明城市建设评价导则》（中华人民共和国水利部，2016）上的农田灌溉水有效利用系数规定（表 6.7），并以太湖流域及其类似地区的值（表 6.8）作为参考依据，最后农田灌溉水有效利用系数不可承载状态值、可承载状态临界值及完全承载状态临界值取值分别取为 0.5、0.6 及 0.7。

表 6.7　农田灌溉水有效利用系数的等级划分

农田灌溉水有效利用系数	0.7～1	0.6～0.7	0.5～0.6	0.45～0.5	0～0.45
计算分值	100	80	50	20	0

---

① 水利部水资源司. 2017. 河流健康评估指南.

表 6.8　太湖流域部分地区及其类似地区的农田灌溉水有效利用系数

年份	地点	系数	来源
2014	宜兴市	0.639	李斌和万利军，2015
2015	江苏全省平均	0.598	吉玉高和张健，2016
2012	昆山市	0.659	
2013	昆山市	0.660	王乙江等，2017
2014	昆山市	0.728	
2015	昆山市	0.706	
2013	南京市溧水区	0.600	沈乐和龚来存，2016
2015	南京市溧水区	0.620	
2012	宿迁市	0.551	戴鹏程，2014

2）与水相关的生态环境质量指标的承载特征值的确定依据

与水相关的生态环境质量指标的承载特征值，见表 6.9。

表 6.9　与水相关的生态环境质量指标的承载特征值

		指标	不可承载状态值 A_0	可承载状态临界值 A	完全承载状态临界值 A_1
水环境		COD 入河量/t	4811	4009	3957
		氨氮入河量/t	322	268	267
		TN 入河量/t	—	—	—
		TP 入河量/t	—	—	—
水生态	天然河湖健康指数	河流纵向连通度	1.2	0.5	0.3
		河流生态需水保证率/%	30	70	90
		水质等于或优于III类的河长比/%	40	70	90
		河岸弯曲度	<1.2	2	3.5
	区域绿化指数	植被覆盖率/%	25	45	60
		生物丰度指数	5	40	75
	城市河湖健康指数	水面率/%	3.5	6	7.5
		城市河湖水质	V	IV	III
	水土保持指数	水土流失面积比/%	6	5	2

注：—表示缺资料。

a.水环境分指标（COD 入河量、氨氮入河量）的承载特征值的确定依据

COD 和氨氮的入河量按照"湖州市水资源保护规划（报批稿）"[1]，COD 和氨氮的排放量及承载特征值由入河量、限排量进行反推，入河系数为 0.7~0.8。COD、氨氮的完全承载状态临界值根据行政功能区污染物总量分年度控制方案成果表中的长兴部分（表 6.10）确定，可承载状态临界值是 90% 的纳污能力，完全可承载状态临界值是 2030 年控制入河量。

表 6.10　长兴污染物总量分年度控制方案成果表（王乙江等，2017）

污染物名称	现状值/(t/a)	90%的纳污能力/(t/a)	2015 年			2020 年			2030 年		
			控制入河量/(t/a)	削减量/(t/a)	削减率/%	控制入河量/(t/a)	削减量/(t/a)	削减率/%	控制入河量/(t/a)	削减量/(t/a)	削减率/%
COD	3989.64	4009.16	4375.76	−388.12	−9.7	3990.56	−2.92	−0.07	3957.38	30.26	0.76
NH₃-N	309.46	268.03	300	9.46	3.1	267.67	41.79	13.50	267.09	42.37	13.69

b.水生态分指标的承载特征值的确定依据

（1）河流纵向连通度（=河道淤塞河长/总河长）根据"湖州市水资源保护规划（报批稿）"[1]，纵向连通度是指在河流系统内生态元素在空间结构上的纵向联系，用每 100km 建闸（坝）数来表示，赋分标准见表 6.11。

表 6.11　河流纵向连通度指数赋分表

河流纵向连通度指数	≥1.2	1	0.5	0.25	0.2	0
赋分	0	20	40	60	80	100

结合长兴实际，最后确定 1.2、0.5 及 0.3 分别为不可承载状态值、可承载状态临界值、完全承载状态临界值。

（2）河流生态需水保证率，即河流生态需水的满足程度。根据"湖州市水资源保护规划（报批稿）"[1]，河流生态需水用生态基流表示，取年平均流量10%、90%最枯月平均流量，近 10 年最枯月平均流量中的最大者。据秦鹏等（2011）对京杭大运河杭州段的健康评估中提出的，生态基流的 30%、70% 及 90% 分别为不可承载状态值、可承载状态临界值及完全承载状态临界值。

（3）水质等于或优于Ⅲ类的河长比参考《河流健康评估指南》[2]。水质优劣程度按照评价水质类别比例赋分，其中河流按照河长统计，湖泊按照湖泊水面面积统计，水库按照蓄水量统计。水质优劣程度赋分标准见表 6.12，并参考"湖州市

---

① 浙江中水工程技术有限公司,水利部太湖流域管理局水利发展研究中心.2015. 湖州市水资源保护规划（报批稿）.

② 水利部水资源司.2017. 河流健康评估指南.

水资源保护规划（报批稿）"[1]，最后水质等于或优于Ⅲ类的河长比的不可承载状态值、可承载状态临界值及完全承载状态临界值分别为40%、70%及90%。

表 6.12　水质优劣程度赋分表（王乙江等，2017）

水质优劣程度	Ⅰ~Ⅲ类水质比例≥90%	75%≤Ⅰ~Ⅲ类水质比例<90%	Ⅰ~Ⅲ类水质比例<75%，且劣Ⅴ类比例<20%	Ⅰ~Ⅲ类水质比例<75%，且20%≤劣Ⅴ类比例<30%	Ⅰ~Ⅲ类水质比例<75%，且30%≤劣Ⅴ类比例<50%	劣Ⅴ类比例≥50%
赋分	100	80	60	40	20	0

（4）河岸弯曲度。弯曲度的定义是起止点河道的实际长度与其直线距离的比值，比值的范围一般在1~5，顺直的河道弯曲率通常为1.0~1.2，弯曲率越大说明河道越健康。本书中，1.2、2及3.5定为不可承载状态值、可承载状态临界值及完全承载状态临界值（吉朝晖，2016）。

（5）植被覆盖率。这里指林草覆盖率。参考《河流健康评估指南》[2]，植被覆盖率用以评价河湖岸带乔木、灌木及草本植物的垂直投影面积（包括叶、茎、枝）占河湖岸带面积比例。赋分标准见表6.13。

表 6.13　植被覆盖率指标直接评价赋分标准[2]

植被覆盖率/%	说明	赋分
0	无植被	0
0~10	植被稀疏	25
10~40	中度覆盖	50
40~75	重度覆盖	75
>75	极重度覆盖	100

根据当地实际，最后确定25%、45%、60%分别为不可承载状态值、可承载状态临界值、完全承载状态临界值。

（6）生物丰度指数据万本太和张建辉（2004）在《中国生态环境质量评价研究》中的计算办法和计量标准进行计算，根据他们对中国生态环境质量评价研究中以我国2000年的数据为基础确定的以县为单位的值的分析并结合研究区实际确定为：生物丰度指数的完全承载状态临界值及可承载状态临界值和不可承载状态值分别为75、40及5。

（7）水面率。这里指城市河湖面积比。按环境用水提出的数据，10%~15%

---

① 浙江中水工程技术有限公司，水利部太湖流域管理局水利发展研究中心.2015.湖州市水资源保护规划（报批稿）.

② 水利部水资源司.2017.河流健康评估指南.

为优，考虑绿地等因素以及规划区面积普遍较建成区扩大较多，结合长兴县实际情况取 7.5%为优；根据《太湖流域综合规划（2012—2030 年）》（水利部太湖流域管理局，2013），浙西区（山丘区域）水面率为 3.5%，可以作为不可承载状态的临界值。可见，城市水面率的完全承载状态临界值及可承载状态临界值和不可承载状态值分别为 7.5%、6%及 3.5%。

（8）城市河湖水质。本书根据《地表水环境质量标准》（GB3838—2002），采用水质综合指数法对水质进行评价，规定Ⅲ类水为完全承载状态临界值，Ⅴ类水为不可承载状态临界值，Ⅳ类水为可承载状态临界值。区域水质类型计算方法如式（6.8）所示：

$$Q_{\mathrm{w}} = \sum_{i=1}^{n} x_i \frac{V_i}{V_{\mathrm{total}}} \tag{6.8}$$

式中，Q_{w} 为研究城市的水质；i 为任一河湖；x_i 为第 i 个河湖的水质类型；V_i 为第 i 个河湖的水体容积；V_{total} 为研究城市河湖的水体总容积。计算中若没有水体容积数据，则可用水体面积数据代替。

（9）水土流失面积比。水土流失的触发因素很多，不仅与地形、坡度有关，而且与植被覆盖度也存在某种联系。良好的植被能够覆盖地面、拦截雨滴、调节地面径流、减缓流速、过滤淤泥和固结土壤，从而起到增加土壤渗透性、增加蓄水能力、涵养水源、防止水土流失、提高土壤肥力和改善生态环境等作用。一般来说，林草覆被率小于 30%对应强度侵蚀区；30%～50%对应中度侵蚀区；50%～70%对应轻度侵蚀区；当植被覆盖度大于 70%时，不论土质或石质山区，不论何种地形，土壤侵蚀均极轻微。据此，可以将轻度侵蚀作为临界状态，取其下限定为 50%。优良状态取 70%，最次定为 30%。这是低标准的，高标准则可取 60%、80%、30%，以此换算成对应的水土流失面积[①]。以高标准来确定太湖流域山区水土流失面积比的不可承载状态值和完全承载状态临界值及可承载状态临界值，即林草覆盖率分别为 80%、60%和 30%时的水土流失面积比为研究区完全可承载状态值和完全承载状态临界值及可承载状态临界值。长兴县当前林草覆盖率超过51.3%（国家统计局，2015），当前水土流失面积比为 5.8%，应略高于可承载状态临界值。据《太湖流域水土流失特征及防治对策》（毛兴华和韦浩，2016），太湖流域属于平原河网地区，水土流失面积仅占流域土地面积的 2.89%。据《太湖流域综合规划（2012—2030 年）》（水利部太湖流域管理局，2013），2007 年山丘区水土流失面积比为 5.3%，湖州为 6.4%。因此，结合长兴县现状水土流失状况，水土流失面积比 2%、5%、6%分别为长兴县的完全承载状态临界值及可承载状态

---

① 朱永华. 2004. 与水相关的生态环境承载力的研究理论及其应用. 中国科学研究地理科学与资源研究所.

临界值和不可承载状态值。

c.社会经济水平指标的承载特征值的确定依据

社会经济水平指标的承载特征值见表 6.14。

表 6.14　社会经济水平指标的承载特征值

指标	可承载状态临界值 A	完全承载状态临界值 A_1
人均 GDP/万元	3	—
可承载人口/万人	53.54	—
工业用水定额/（m³/万元）	80	30
第三产业的比重/%	40	60
人均粮食占有量/kg	300	590
城镇化率/%	35	70
单方水农业 GDP/（元/m³）	15	40

（1）人均 GDP、第三产业的比重。人均 GDP、第三产业的比重（第三产业 GDP 占总 GDP 的比重）的可承载状态临界值、完全承载状态临界值取值确定根据《博斯腾湖水资源可持续利用研究》（夏军等，2003）及金传芳和郑国璋（2010）在《江苏沿江城市群城市生态系统健康评价》中提出的并结合长兴县的实际定出，见表 6.14。

（2）工业用水定额。工业用水定额的可承载状态临界值、完全承载状态临界值参考张士锋和孟秀敬（2012）在《粮食增产背景下松花江区水资源承载力分析》研究中，根据全国 2007 年的数据聚类分析获得的值及安徽、江苏、浙江、上海及福建部分城市 2013～2016 年的值（表 6.15），并结合长兴县实际确定。

表 6.15　沪、浙、皖、苏及闽各省县、市的工业用水定额（单位：m³/万元）

省（直辖市）	市	县/县级市或区	2013 年	2014 年	2015 年	2016 年
上海	全市		65.84	53		
	上海	奉贤			18.29	11.2
	上海	闵行			7.01	
安徽省	全省			96.8		45
	合肥	埇桥		69	52.2	
	宿州			79	69	
	宿州			85.96		
	滁州	全椒			76.8	
	阜阳		85.36	72.3		

续表

省	市	县/县级市或区	2013 年	2014 年	2015 年	2016 年
安徽省	马鞍山			34.02	31.6	
	安庆			54		
	淮南			76.29		
江苏省	全省		19.3	17.5	16.5	
	连云港				21.7	
	泰州			24.53	14.47	
	扬州		11.61	11	10.43	
	徐州			11.52	14.7	
	南京	江宁	20			
	扬州	江都		12.7		
	盐城	射阳	22.5			
浙江省	全省		35.9	33.07	29.2	
	丽水		36.2	33.6	31.36	
	兰溪		61	60.76		
	嘉兴		34.8			
福建省	厦门		11.8	11.3		

资料来源：江苏统计年鉴（国家统计局，2013-2016）；上海统计年鉴（国家统计局，2013-2015）；安徽统计年鉴（国家统计局，2013-2016）；浙江统计年鉴（国家统计局，2013-2016）；和福建统计年鉴（国家统计局，2013-2016）。

（3）城镇化率。城镇化率的可承载状态临界值、完全承载状态临界值取值是根据赵海娟和张倪（2013）的《我国真实的城镇化率究竟是多少》和赵展慧（2016）的《我国城镇化率已达 56.1%》提出的并结合长兴县的实际定出，见表 6.14。

（4）人均粮食占有量。人均粮食占有量的可承载状态临界值、完全承载状态临界值取值确定根据张利国和陈苏（2015）的《中国人均粮食占有量时空演变及驱动因素》及朱永华（2004）的《流域生态环境承载力分析的理论与方法及在海河流域的应用》中提出的并结合长兴县的实际定出，见表 6.14。

（5）可承载人口。可承载人口的可承载状态临界值、完全承载状态临界值取值确定根据《博斯腾湖水资源可持续利用研究》（夏军等，2003），以 1980 年的人口数作为可承载状态临界值，原因是 1980 年与水相关的生态环境问题不是太严重，而且实际人口也较多，见表 6.14。

（6）单方水农业 GDP。单方水农业 GDP 的可承载状态临界值、完全承载状态临界值取值确定根据对浙江、安徽、江苏及湖州各县、市的 2011～2014 年单方水农业 GDP（元/m³）（表 6.16）的分析，单方水农业 GDP 的可承载状态临界值、完全承载状态临界值最后定为 15 元/m³ 和 40 元/m³。

表 6.16 浙、皖、苏及湖州各县、市的单方水农业 GDP　（单位：元/m³）

区域		2011 年	2012 年	2013 年	2014 年
浙江省	嘉兴	14	17		
	丽水	2	3	3	4
	金华市区	10	11	19	27
	兰溪	36	38	23	27
	义乌	37	43	40	30
	东阳	20	22	21	22
	永康	17	19	18	18
	武义	41	44	29	25
	浦江	15	17	20	21
	绍兴	29	33	33	
湖州市	德清	11	12	11	11
	长兴	11	13	12	16
	安吉	12	12	12	12
	市区	13	14	14	14
安徽省	合肥	11	12	12	17
	淮北	21	23	27	29
	亳州	24	27	33	33
	宿州	40	44	43	49
	蚌埠	14	16	16	22
	阜阳	20	21	25	28
	淮南	9	9	10	12
	滁州	10	11	12	13
	六安	7	8	8	9
	马鞍山	8	8	9	11
	芜湖	8	8	12	11
	宣城	10	11	12	12
	铜陵	8	9	9	8
	池州	10	11	13	15

区域		2011 年	2012 年	2013 年	2014 年
安徽省	安庆	9	10	12	15
	黄山	12	13	21	23
江苏省	连云港	8	10	17	13
	南京	8	12	8	

资料来源：安徽统计年鉴（国家统计局，2013-2016）；湖州统计年鉴（国家统计局，2011-2015）；嘉兴统计年鉴（国家统计局，2006-2015）；丽水统计年鉴（国家统计局，2012-2015）；金华统计年鉴（国家统计局，2012-2015）；绍兴统计年鉴（国家统计局，2012-2015）；2011-2013 年南京市水资源公报（南京市水务局，2012-2014）；南京统计年鉴（国家统计局，2012-2014）；2010 年苏州市水资源公报（苏州市水利局，2011）；苏州统计年鉴（国家统计局，2011）；2009 年盐城市水资源公报（盐城市水利局，2010）；2011-2014 年连云港水资源公报（连云港市水利局，2012-2015）；连云港统计年鉴（国家统计局，2012-2015）。

2. 计量指标的标量化模型（隶属度函数）的构建

（1）水资源余缺水平的各分指标隶属度函数的构建见表 6.17。

表 6.17　水资源余缺水平的各分指标隶属度函数的构建

实际指标 x	隶属度函数形式	转换模型	隶属度函数
人均水资源量，农田灌溉水有效利用系数	$\mu = \begin{cases} 1, & y \in [a_1, +\infty) \\ \dfrac{0.2}{a_1-1}(y-1)+0.8, & y \in [1, a_1) \\ 0.8y^{\gamma}, & y \in [0,1) \end{cases}$	$y = \dfrac{x}{A}$ $a_1 = \dfrac{A_1}{A}$	以农田灌溉水有效利用系数为例，$\mu = \begin{cases} 1, & x \in [0.7, +\infty) \\ 2(x-0.6)+0.8, & x \in [0.6, 0.7) \\ 2.22x^2, & x \in [0, 0.6) \end{cases}$
水资源开发利用率		$y = \dfrac{A}{x}$ $a_1 = \dfrac{A}{A_1}$	$\mu = \begin{cases} 1, & x \in (0, 0.2] \\ \dfrac{0.08}{x}+0.6, & x \in (0.2, 0.4] \\ \dfrac{0.128}{x^2}, & x \in [0.4, +\infty) \end{cases}$

表 6.17 中水资源余缺水平分指标的隶属度函数构建中的 A、A_1 取值见表 6.5，γ 取值见表 6.20。

（2）与水相关的生态环境质量的各分指标隶属度函数的构建见表 6.18。

表 6.18 中 A、A_1 取值见表 6.9，γ 取值见表 6.20。

（3）社会经济水平的各分指标隶属度函数的构建，见表 6.19。

表 6.19 中 A、A_1 取值见表 6.14，γ 取值见表 6.20。

表 6.16～表 6.18 中各个指标的隶属函数式中的值是根据 4.3.4 节中关于 γ 的值的含义并结合长兴县的实际来给定的，具体取值见表 6.20。

表 6.18　与水相关的生态环境质量的各分指标隶属度函数的构建

实际指标 x	隶属度函数形式	转换模型	隶属度函数
COD 排放量，氨氮排放量，河流纵向连通度，城市河湖水质		$y = \dfrac{A}{x}$ $a_1 = \dfrac{A}{A_1}$	以城市河湖水质为例， $\mu = \begin{cases} 1, & x \in (0,3] \\ \dfrac{2.4}{x} + 0.2, & x \in (3,4] \\ \dfrac{12.8}{x^2}, & x \in (4, +\infty) \end{cases}$
河流生态需水保证率，水质等于或优于Ⅲ类的河长比，河岸弯曲度，植被覆盖率，生物丰度指数，水面率	$\mu = \begin{cases} 1, & y \in [a_1, +\infty) \\ \dfrac{0.2}{a_1 - 1}(y-1) + 0.8, & y \in [1, a_1) \\ 0.8y^\gamma, & y \in [0,1) \end{cases}$	$y = \dfrac{x}{A}$ $a_1 = \dfrac{A_1}{A}$	以河流生态需水保证率为例， $\mu = \begin{cases} 1, & x \in [0.9, +\infty) \\ x + 0.1, & x \in [0.7, 0.9) \\ \dfrac{8x}{7}, & x \in [0, 0.7) \end{cases}$
水土流失面积比		$y = \dfrac{A}{x} - A$ $a_1 = \dfrac{A}{A_1} - A$	$\mu = \begin{cases} 1, & x \in (0, 0.02] \\ \dfrac{1}{145x} - 0.66, & x \in (0.02, 0.05] \\ 0.8\left(\dfrac{0.05}{x} - 0.05\right)^2, & x \in (0.05, 1] \end{cases}$

表 6.19　社会经济水平的各分指标隶属度函数的构建

实际指标 x	隶属度函数形式	转换模型	隶属度函数
人均 GDP，可承载人口	$\mu = \dfrac{y - \beta}{y + \beta}$	$y = \dfrac{x}{A}$ $x = A$ $\mu = 0.8$	以人均 GDP 为例，$\mu = \dfrac{3x-1}{3x+1}$
工业用水定额		$y = \dfrac{A}{x}$ $a_1 = \dfrac{A}{A_1}$	$\mu = \begin{cases} 1, & x \in (0,30] \\ \dfrac{9.6}{x} + 0.68, & x \in (30,80] \\ \dfrac{5120}{x^2}, & x \in (80, +\infty) \end{cases}$
第三产业的比重，人均粮食占有量，城镇化率，单方水农业 GDP	$\mu = \begin{cases} 1, & y \in [a_1, +\infty) \\ \dfrac{0.2}{a_1 - 1}(y-1) + 0.8, & y \in [1, a_1) \\ 0.8y^\gamma, & y \in [0,1) \end{cases}$	$y = \dfrac{x}{A}$ $a_1 = \dfrac{A_1}{A}$	以人均粮食占有量为例， $\mu = \begin{cases} 1, & x \in [590, +\infty) \\ \dfrac{6}{29}\left(\dfrac{x}{300} - 1\right) + 0.8, & x \in [300, 590) \\ 0.8\left(\dfrac{x}{300}\right)^3, & x \in [0, 300) \end{cases}$

表 6.20　各个指标隶属函数式中修正系数 γ 的值

指标	修正系数 γ	指标	修正系数 γ
人均水资源量	2	水资源开发利用率	2
水土流失面积比	2	农田灌溉水有效利用系数	2
COD 排放量	2	水面率	1
氨氮排放量	2	河流纵向连通度	1
河流生态需水保证率	1	单方水农业 GDP	2
河岸弯曲度	2	第三产业的比重	2
水质等于或优于Ⅲ类的河长比	3	人均粮食占有量	3
城市河湖水质	2	城镇化率	2
生物丰度指数	3	工业用水定额	2
植被覆盖率	2		

6.1.5　数据来源

水资源承载状态量化需要的全部数据如下。

人均水资源量，水资源开发利用率，农田灌溉水有效利用系数；水土流失面积比，COD 排放量，氨氮排放量，河流纵向连通度，河流生态需水保证率，河岸弯曲度，水质等于或优于Ⅲ类的河长比，水面率，城市河湖水质；生物丰度指数；植被覆盖率；人均 GDP，城镇化率，第三产业的比重，单方水农业 GDP，人均粮食占有量，工业用水定额，可承载人口。

数据来源见表 6.21。

表 6.21　长兴县生态环境承载状态计量的数据来源

项目	来源
人均水资源量/m³	《湖州统计年鉴》、长兴县节水型社会建设工作方案（终稿）、湖州市水资源公报
水资源开发利用率/%	《湖州统计年鉴》、长兴县节水型社会建设工作方案（终稿）
农田灌溉水有效利用系数	长兴县节水型社会建设工作方案（终稿）（2011 年值）
水土流失面积比/%	长兴县水土保持规划（报批稿）（2013 年值）
COD 排放量/t	《湖州统计年鉴》
氨氮排放量/t	《湖州统计年鉴》
河流纵向连通度	湖州市水资源保护规划（报批稿）
河流生态需水保证率	湖州市水资源保护规划（报批稿）
河岸弯曲度	长兴县水功能区水环境功能区修编（正式）

项目	来源
水质等于或优于Ⅲ类的河长比	湖州市水资源保护规划（报批稿）
水面率/%	长兴县节水型社会建设工作方案（终稿）
城市河湖水质	长兴县水域保护规划报告（报批稿）、长兴县水功能区水环境功能区修编（正式）
生物丰度指数*	万本太和张建辉，2004
植被覆盖率/%	《湖州统计年鉴》
人均 GDP/元	《湖州统计年鉴》、长兴县节水型社会建设工作方案
城镇化率/%	《湖州统计年鉴》
第三产业的比重/%	《湖州统计年鉴》
单方水农业 GDP/（元/m³）	《湖州统计年鉴》、长兴县节水型社会建设工作方案（终稿）
人均粮食占有量/kg	《湖州统计年鉴》
工业用水定额/（m³/万元）	《湖州统计年鉴》、长兴县节水型社会建设工作方案

* 生物丰度指数采用 2000 年国家环境保护总局的生态环境遥感调查数据。

6.2　2014 年与水相关的生态环境承载状态系统分析

6.2.1　水资源余缺水平分析

从图 6.1 可以看出，计算现状年 2014 年，长兴县人均水资源量高于可承载状态临界值。水资源开发利用率比较高，介于不可承载状态值与可承载状态临界值之间（图 6.2），达到可承载状态临界值时需要降低水资源开发利用率。农田灌溉水有效利用系数刚好等于可承载状态临界值（图 6.3）。可见，长兴县的水资源相对短缺。

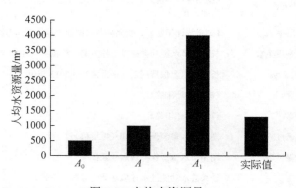

图 6.1　人均水资源量

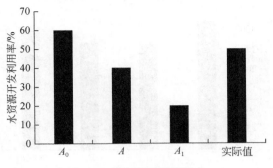

图 6.2　水资源开发利用率

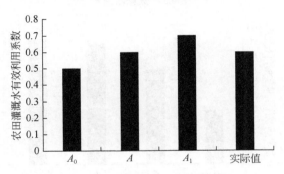

图 6.3　农田灌溉水有效利用系数

6.2.2　与水相关的环境质量分析

长兴县排入天然河湖的 COD 量并不大，比可承载状态临界值稍小一点，已接近完全承载状态临界值（图 6.4）；但氨氮量较大，大于可承载状态临界值，属于不可承载（图 6.5）。水质等于或优于Ⅲ类的河长比大于完全可承载状态临界值（图 6.6），说明天然河湖水环境状态良好。

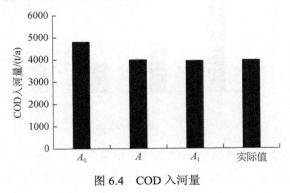

图 6.4　COD 入河量

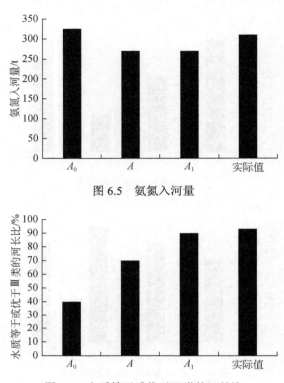

图 6.5　氨氮入河量

图 6.6　水质等于或优于Ⅲ类的河长比

天然河流纵向连通度现状值已小于可承载状态临界值，达不到完全承载状态临界值（图 6.7），说明当地河湖上水利工程数目适中。

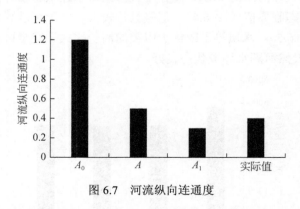

图 6.7　河流纵向连通度

河流生态需水保证率现状值完全超过可承载状态临界值（图 6.8），说明位于湿润区和季风区的长兴县河流生态需水在计算年是完全满足的。

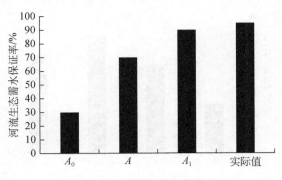

图 6.8　河流生态需水保证率

河岸弯曲度现状值略高于可承载状态临界值（图 6.9）。可见，长兴县虽位于人口密集区，但人为对河道的硬化和裁弯取直不是很强烈。

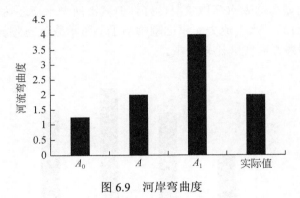

图 6.9　河岸弯曲度

生物丰度指数现状值已超过可承载状态临界值，但还达不到完全承载状态临界值（图 6.10）；植被覆盖率现状值同样已超过可承载状态临界值，但还达不到完全承载状态临界值（图 6.11）。说明研究区绿化状态处于良好状态。

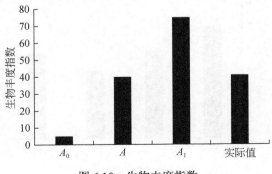

图 6.10　生物丰度指数

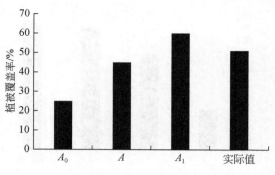

图 6.11　植被覆盖率

　　水面率现状值稍稍超过可承载状态临界值（图 6.12），说明水面率已达到良好状态，但距达到优良状态还有一定距离。城市河湖水质已优于可承载状态临界值（图 6.13），说明城市河湖水环境状况良好。但城市河湖水质还达不到完全承载状态临界值（图 6.13）。水土流失面积比刚刚小于不可承载状态临界值（图 6.14），说明水土流失问题在研究区比较严重。

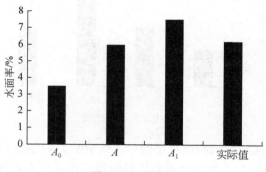

图 6.12　水面率

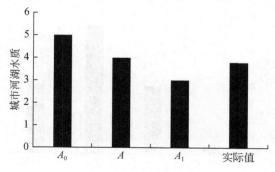

图 6.13　城市河湖水质

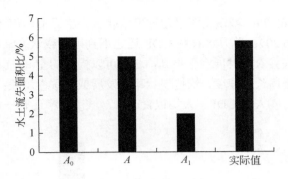

图 6.14　水土流失面积比

将 COD 排放量和氨氮排放量、城市河湖水质及水质等于或优于Ⅲ类的河长比联合起来看，长兴县目前水污染并不严重，水环境状况良好，可能存在着部分水域水质污染。其原因可能有四个：①只考虑了 COD 排放量和氨氮排放量，没有考虑 TN 和 TP 排放量；②没有考虑过境水和客水可能带来的污染；③没有考虑河湖底泥释放出的污染；④没有考虑面源污染。

从与水相关的生态环境因子的现状值与可承载阈值对比可看出：①氨氮入河量较大，但总体水环境状况较好；②存在水土流失问题；③水面率刚超过可承载状态临界值。

6.2.3　社会经济水平分析

长兴县现状年人均 GDP 已超过可承载状态临界值，但还达不到完全承载状态临界值（图 6.15）；现状人口也已超过可承载状态临界值（图 6.16）；工业用水定额已接近完全承载状态临界值（图 6.17）；第三产业的比重刚好超过可承载状态临界值（图 6.18）；人均粮食占有量已超过可承载状态临界值，但还达不到完全承载

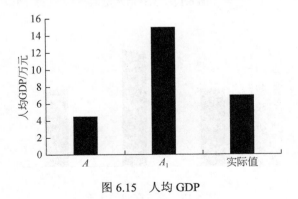

图 6.15　人均 GDP

状态临界值（图 6.19）；城镇化率已超过可承载状态临界值，但还达不到完全承载状态临界值（图 6.20）；单方水农业 GDP 还达不到可承载状态临界值（图 6.21）。由此说明：①长兴县农业发展水平不高，还有可以提升的空间；②工业发展水平已很高，今后要放慢增长的速度，维持现状稳定发展或者缓慢增长；③第三产业的比重可进一步提高；④人均 GDP、人均粮食产量、城镇化率还有一定提升的空间。

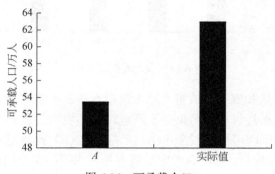

图 6.16　可承载人口

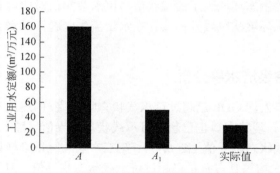

图 6.17　工业用水定额

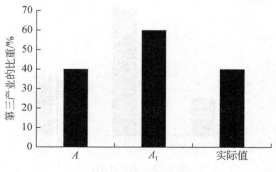

图 6.18　第三产业的比重

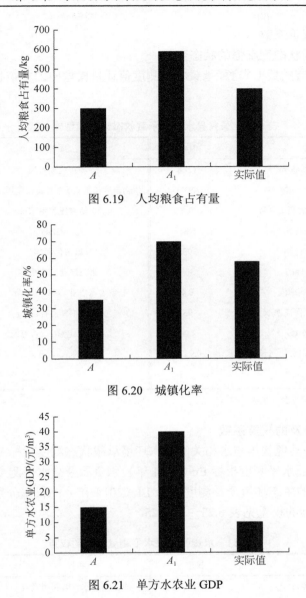

图 6.19　人均粮食占有量

图 6.20　城镇化率

图 6.21　单方水农业 GDP

6.3　2014 年与水相关的生态环境承载状态计算

6.3.1　模型输入数据

模型输入数据分为两类：一类是计量承载状态测度值的状态变量，另一类是模型中涉及的权重系数。

1. 计量承载状态测度值的状态变量

根据 6.1.5 节的数据来源,承载状态测度值计量模型中的各个状态变量的输入数据见表 6.22。

表 6.22　长兴县水资源承载状态计量模型输入值

项目	2014 年	项目	2014 年
人均水资源量/m³	1288	城市河湖水质	3.73
水资源开发利用率/%	49.43	生物丰度指数(万本太和张建辉,2004)	41.67
农田灌溉水有效利用系数	0.6	植被覆盖率/%	51.3
水土流失面积比/%	5.81	人均 GDP/元	69611
COD 入河量/t	3988	城镇化率/%	58.5
氨氮入河量/t	309	第三产业的比重/%	40.3
河流纵向连通度	0.4	单方水农业 GDP/(元/m³)	10.48
河流生态需水保证率/%	95	人均粮食占有量/kg	397.63
河岸弯曲度	2.04	工业用水定额/(m³/万元)	31.6
水质等于或优于Ⅲ类的河长比	0.9322	实际人口/万人	63.05
水面率/%	6.14		

注: 所有数据来源见表 6.20。

2. 模型中涉及的权重系数

在计算长兴县现状年与水相关的生态环境承载状态测度指标 WES(2014 年)时,社会经济发展水平测度指标 EG(2014 年)、水资源余缺水平测度指标 WI(2014 年)、与水相关的生态环境质量测度指标 LI(2014 年)的权重分别为 1/2、1/4、1/4,其他分指标的权重见表 6.23~表 6.25。

表 6.23　水资源余缺水平测度指标的权重

指标	权重	指标	权重
人均水资源量	0.55	农田灌溉水有效利用系数	0.42
水资源开发利用率	0.03		

表 6.24　与水相关的生态环境质量测度指标的权重

指标	权重	指标	权重
COD 入河量	0.06	植被覆盖率	0.12
氨氮入河量	0.02	生物丰度指数	0.15

续表

指标	权重	指标	权重
河流纵向连通度	0.10	水面率	0.10
河流生态需水保证率	0.13	城市河湖水质	0.13
水质等于或优于Ⅲ类的河长比	0.11	水土流失面积比	0.03
河岸弯曲度	0.05		

表 6.25　社会经济发展水平测度指标的权重

指标	权重	指标	权重
人均 GDP	0.20	人均粮食占有量	0.13
承载人口	0.16	城镇化率	0.14
工业用水定额	0.15	单方水农业 GDP	0.05
第三产业的比重	0.17		

6.3.2　MATLAB 编程

采用 MATLAB 编程。与水相关的承载状态评价程序由 29 个模块组成。图 6.22 显示了输入值界面和输出值界面。

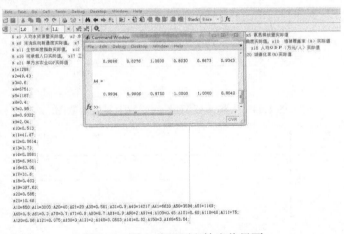

图 6.22　输入值界面和输出值界面

6.3.3　计算结果

1. 度量指标的隶属度函数图形

（1）实际值越大，承载状态越好，如人均水资源量（图 6.23 和图 6.24）。

（2）实际值越大，承载状态越差，如 COD 排放量（图 6.25 和图 6.26）。

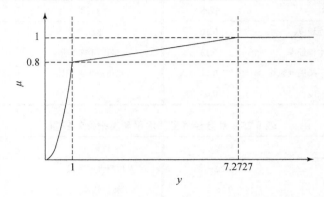

图 6.23　经过转换的人均水资源量的隶属度函数图（$y = \dfrac{x}{A}$）

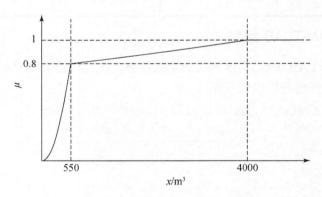

图 6.24　人均水资源量（x）的隶属度函数图

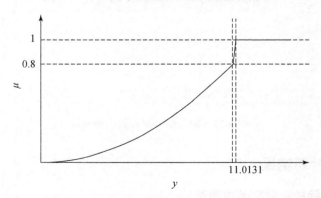

图 6.25　经过转换的 COD 排放量的隶属度函数图（$y = \dfrac{A}{x}$）

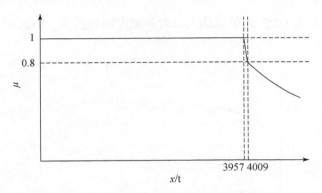

图 6.26　COD 排放量（x）的隶属度函数图

（3）实际值越大，承载状态越差，且实际值为 1 时，其对应的隶属度值为 0，如水土流失面积比（图 6.27 和图 6.28）。

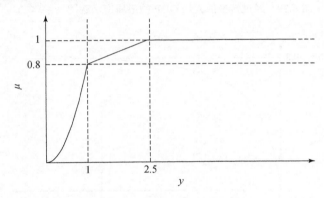

图 6.27　经过转换的水土流失面积比的隶属度函数图（$y = \dfrac{A}{x} - A$）

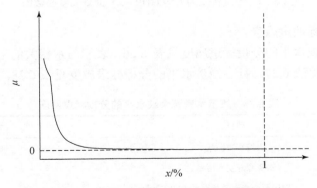

图 6.28　水土流失面积比（x）的隶属度函数图

（4）适合人均 GDP 和可承载人口的隶属度函数图形，如人均 GDP（图 6.29 和图 6.30）。

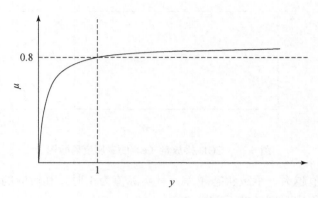

图 6.29 经过转换的人均 GDP 的隶属度函数图（$y = \dfrac{x}{A}$）

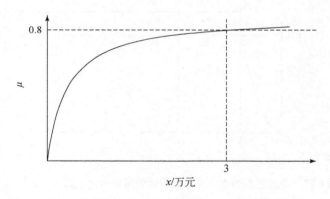

图 6.30 经过转换的人均 GDP（x）的隶属度函数图

2. 单个指标的隶属度

水资源余缺水平的分指标隶属度见表 6.26，表示与水相关的生态环境质量的分指标隶属度见表 6.27，社会经济水平的分指标隶属度见表 6.28。

表 6.26 表示水资源余缺水平的分指标隶属度

项目	隶属度
人均水资源量	0.8602
水资源开发利用率	0.5239
农田灌溉水有效利用系数	0.8

表 6.27　表示与水相关的生态环境质量的分指标隶属度

项目	隶属度	项目	隶属度
COD 排放量	0.9934	植被覆盖率	0.8840
氨氮排放量	0.9906	生物丰度指数	0.8095
河流纵向连通度	0.875	城市水面率	0.8187
河流生态需水保证率	1	城市河湖水质	0.5175
水质等于或优于Ⅲ类的河长比	1	水土流失面积比	0.532
河岸弯曲度	0.8040		

表 6.28　表示社会经济水平的分指标隶属度

项目	隶属度	项目	隶属度
人均 GDP	0.9086	人均粮食占有量	0.8673
可承载人口	0.8276	城镇化率	0.9343
工业用水定额	1	单方水农业 GDP	0.3905
第三产业的比重	0.803		

3. 水资源承载状态的测度指数

水资源承载状态的测度指数见表 6.29。

表 6.29　与水相关的生态环境承载状态测度指数

项目	WI	EG	LI	WES
2014 年测度指数	0.8168	0.8373	0.8423	0.8334

注：WI，水资源余缺水平测度指数；EG，社会经济发展水平测度指数；LI，与水相关的生态环境质量测度指数；WES，与水相关的生态环境承载状态测度指数。

6.4　2014 年与水相关的生态环境承载状态计算结果分析

（1）长兴县与水相关的生态环境承载状态测度指数为 0.8334，说明长兴县当前水资源和与水相关的生态环境构成的与水相关的生态环境系统对社会经济系统的承载状态已超过临界可承载状态，处于良好承载状态。

（2）当前长兴县与水相关的生态环境质量测度指数为 0.8423；社会经济发展水平测度指数为 0.8373；水资源余缺水平测度指数为 0.8168。与水相关的生态环境质量测度指数、社会经济发展水平测度指数及水资源余缺水平测度指数均大于临界可承载状态值 0.8（图 6.31）。可见，长兴县当前水资源和与水相关的生态环境质量构成的与水相关的生态环境系统对社会经济系统的承载状态已完全超过可承载状态临界值，处于良好状态，但还达不到优，即水资源余缺水平、与水相关的生态环境质量和社会经济发展水平均超过可承载状态临界值，处于良好状态，但距离优还有一定距离。其具体原因是水资源开发利用率较高、氨氮入河量较大、水土流失状况较严重、农业用水效益较低。

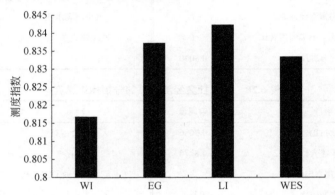

图 6.31　长兴县 2014 年与水相关的生态环境承载状态测度指数

（3）水资源水平超过可承载状态临界值，处于良好状态，但距离优还有一定距离。其主要原因是水资源利用率较高。其具体原因可能是水资源总量计算中：①只考虑地表水（河川径流量）、地下水、地表水和地下水的重复量；②没有考虑进入长兴县的水和流出的水量；③没有充分考虑降水量（图 6.32）。未来研究中如何核算当地水资源总量是值得研究的问题。

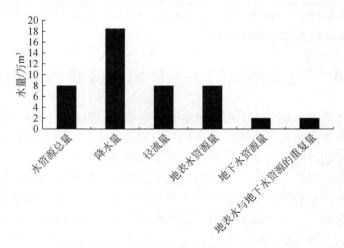

图 6.32　长兴县 2014 年水资源总量计算示意图

（4）与水相关的生态环境质量超过临界可承载，但是与完全可承载还有一定的距离，说明长兴县与水相关的生态环境总体上处于良好状态，但还达不到优，原因如下：①水土流失比较严重，隶属度值为 0.532。②河岸弯曲度刚达到临界可承载，隶属度值为 0.8040。③生物丰度指数刚达到临界可承载，隶属度值为 0.8095。④植被覆盖率达到临界可承载，隶属度值为 0.8840。⑤河流纵向连通度达到临界可承载，隶属度值为 0.875。⑥城市水面率刚达到临界可承载，隶属度值为 0.8187。⑦河流生态需水保证率和水质等于或优于Ⅲ类的河长比均达到完全可承载，二者的隶属度值均为 1。⑧COD 入河量接近完全可承载，但氨氮入河量较大，达不到临界可承载，COD 入河量和氨氮入河量的隶属度分别为 0.9934 和 0.9906。

（5）社会经济发展水平高，超过临界可承载（表 6.29），具体原因是：①农业用水效益较低，单方水农业 GDP 的隶属度为 0.3905，与临界可承载状态值 0.8 还有一定的距离；②第三产业的比重刚达到临界可承载状态，第三产业的比重的隶属度刚超过 0.803；③可承载人口达到临界可承载，可承载人口的隶属度为 0.8276；④人均粮食占有量超过临界可承载，其隶属度为 0.8673；⑤城镇化率和人均 GDP 接近完全可承载状态，城镇化率和人均 GDP 分别为 0.9343 和 0.9086。

（6）工业用水定额已达到完全承载状态，其隶属度值为 1。

综合上述，从长兴县与水相关的生态环境承载状态的试评价中发现，以可持续发展为原则，要实现长兴县水资源-与水相关的生态环境质量-社会经济发展水平逐步和谐，沿着可持续发展的方向，与水相关的生态环境系统对社会经济系统逐步达到完全可承载，需要做到以下方面。

（1）在社会经济发展方面，提高农业用水效益；第三产业比重、人均粮食占有量、人均 GDP 和人口可适当增加；城镇化率、工业用水定额视条件保持或提升。

（2）与水的生态环境质量提高中，主要通过：①治理城市河湖水污染；②增大水土保持力度；③在保持现有河岸弯曲度的基础上增加其自然性；④在保护和维持现在的生物多样性的基础上进行人为绿化，具体是选择乡土种逐步增加植被覆盖度，最主要的是增加生物群落的稳定性和弹性力；⑤河流上大坝等影响河流淤塞发生的水利工程尽量少建，即使建设也要在安全长度范围内建设；⑥城市水面率可继续增加，但是城市水体建设中最好是活水，保证水流畅通，若水体流动不畅通，那么要计算换水周期，在安全周期内进行换水，保证新建水体的生态环境质量；⑦天然河流的生态需水在现状年是保证的，未来年份生态需水是否满足要考虑当年的降水量才能确定，天然河流的水质达到水功能区划要求，但只是考虑了部分河流长度，未来可考虑全部天然河长来研究；⑧研究区现状年 COD 排放量和氨氮排放量已接近完全可承载，说明可回收的污染物处理率很高，但是本书中没有考虑面源污染，未来需要考虑。

（3）在水资源余缺水平方面，应聚焦于水资源水平的稳步提高，主要是降低现状的水资源开发利用率，稳步提高农田灌溉水有效利用系数。

参 考 文 献

戴鹏程. 2014. 宿迁市来龙灌区农业灌溉用水有效利用系数测定与分析. 治淮，（5）：42-43.

国家统计局. 2006-2015. 嘉兴统计年鉴. 北京：中国统计出版社.

国家统计局. 2010. 盐城统计年鉴. 北京：中国统计出版社.

国家统计局. 2011. 苏州统计年鉴. 北京：中国统计出版社.

国家统计局. 2011-2015. 湖州统计年鉴. 北京：中国统计出版社.

国家统计局. 2012-2014. 南京统计年鉴. 北京：中国统计出版社.

国家统计局. 2012-2015. 金华统计年鉴. 北京：中国统计出版社.

国家统计局. 2012-2015. 丽水统计年鉴. 北京：中国统计出版社.

国家统计局. 2012-2015. 连云港统计年鉴. 北京：中国统计出版社.

国家统计局. 2012-2015. 绍兴统计年鉴. 北京：中国统计出版社.

国家统计局. 2013-2015. 上海统计年鉴. 北京：中国统计出版社.

国家统计局. 2013-2016. 安徽统计年鉴. 北京：中国统计出版社.

国家统计局. 2013-2016. 福建统计年鉴. 北京：中国统计出版社.

国家统计局. 2013-2016. 江苏统计年鉴. 北京：中国统计出版社.

国家统计局. 2013-2016. 浙江统计年鉴. 北京：中国统计出版社.

吉朝晖. 2016. 长江江苏段生态健康综合评价及保护. 河海大学学士学位论文.

吉玉高，张健. 2016. 江苏省农田灌溉水有效利用系数测算分析研究. 中国水利，（11）：13-15.

贾艳红，赵军，南忠仁，等. 2006. 基于熵权法的草原生态安全评价：以甘肃牧区为例. 生态学杂志，25（8）：1003-1008.

金传芳，郑国璋. 2010. 江苏沿江城市群城市生态系统健康评价. 环境与可持续发展，6：13-17.

李斌，万利军. 2015. 农田灌溉水有效利用系数研究. 江苏水利，（10）：43-45.

连云港市水利局. 2012. 2011 年连云港水资源公报. 连云港：连云港市水利局.

连云港市水利局. 2013. 2012 年连云港水资源公报. 连云港：连云港市水利局.

连云港市水利局. 2014. 2013 年连云港水资源公报. 连云港：连云港市水利局.

连云港市水利局. 2015. 2014 年连云港水资源公报. 连云港：连云港市水利局.

马宇翔，彭立，苏春江，等. 2015. 成都市水资源承载力评价及差异分析. 水土保持研究，22（6）：159-166.

毛兴华，韦浩. 2016. 太湖流域水土流失特征及防治对策. 北京：中国水利学会 2016 学术年会论文集.

南京市水务局. 2012. 2011 年南京市水资源公报. 南京：南京市水务局.

南京市水务局. 2013. 2012 年南京市水资源公报. 南京：南京市水务局.

南京市水务局. 2014. 2013 年南京市水资源公报. 南京：南京市水务局.

秦鹏，王英华，王维汉，等. 2011. 河流健康评价的模糊层次与可变模糊集耦合模型. 浙江大学学报（工学版），45（12）：2169-2175.

任黎，杨金艳，相欣奕. 2015. 江苏沿海地区水资源承载力研究——以盐城市为例. 水利经济，33（5）：1-3，77.

沈乐，龚来存. 2016. 南京市溧水区用水效率控制方案研究. 人民长江，47（1）：31-35.

水利部太湖流域管理局. 2013. 太湖流域综合规划（2012—2030 年）. http: //www.tba.gov. cn/contents/23/14500.html.[2016-08-10]

苏州市水利局. 2011. 2010 年苏州市水资源公报. 南京：南京市水务局.

万本太，张建辉. 2004. 中国生态环境质量评价研究. 北京：中国环境科学出版社.

王乙江，张剑刚，徐玉良，等. 2017. 昆山市农田灌溉水利用系数测算分析与研究. 江苏水利，（2）：58-63.

吴玉鸣，柏玲. 2011. 广西城市化与环境系统的耦合协调测度与互动分析. 地理科学，31（12）：1474-1479.

夏军，左其亭，邵民诚. 2003. 博斯腾湖水资源可持续利用研究. 北京：科学出版社.

盐城市水利局. 2010. 2009 年盐城市水资源公报. 盐城：盐城市水利局.

张利国，陈苏. 2015. 中国人均粮食占有量时空演变及驱动因素. 经济地理，35（3）：171-177.

张士锋，孟秀敬. 2012. 粮食增产背景下松花江区水资源承载力分析. 地理科学，32（3）：342-347.

赵海娟，张倪. 2013. 我国真实的城镇化率究竟是多少. 中国经济时报，第 9 版.

赵展慧. 2016. 我国城镇化率已达 56.1%. 人民日报，第 2 版.

中华人民共和国水利部. 2016. 水生态文明城市建设评价导则（SL/Z 738-2016）.

钟世坚. 2013. 珠海市水资源承载力与人口均衡发展分析. 人口学刊，35（198）：15-19.

朱一中，夏军，谈戈. 2003. 西北地区水资源承载力分析预测与评价. 资源科学，25（4）：43-48.

朱永华. 2004. 流域生态环境承载力分析的理论与方法及在海河流域的应用. 中国科学研究地理科学与资源研究所博士后出站报告.

第7章 长兴县与水相关的生态环境承载力的预估调控研究

7.1 长兴县生态需水量的确定

7.1.1 丰水且水质型缺水地区生态需水量的研究进展

生态需水量最早起源于欧美国家,主要是指河流与湿地方面。20 世纪 40 年代,由于美国国内河流受人类经济活动的干扰强烈,为了保护河流生态系统,美国的鱼类与野生动物保护组织开始研究河流生态系统健康与河流流量之间的关系,并提倡河流必须保持最小生态流量,从此相关学者开始研究河流的生态需水量并促使相应的法律产生。紧接着,针对不同的问题陆续开展了各种研究:最早的是为了维持航运与河流景观开展河道枯水流量的研究;然后,随着污染问题的产生及其影响范围的扩大,开展了最小可接受流量的研究;其后,随着河流生态健康概念的提出,生态可接受流量范围的研究也成为热点(崔树彬,2001;姜德娟等,2003)。

20 世纪 70 年代,美国通过立法确定河流生态环境需水量应包括:自然和景观河流的基本流量,用于航运、娱乐、鱼类和野生动物保护以及景观美学价值等的河道内用水,咸水湿地、微盐沼泽和淡水湿地的湿地保护区生态需水,以及为保持和控制海湾与三角洲环境(包括盐度、入海流量)而规定的海湾和三角洲需水量。20 世纪 90 年代,水资源与生态环境的相关性研究开展后,生态需水量开始成为全球关注的焦点之一。国内研究起步较晚,主要开始于 20 世纪 90 年代(姜德娟等,2003)。

长兴县属于城市化程度高的水质型缺水的河网地区,其需水量属于水质型缺水的水生生态系统的需水量或城市的生态需水量。

1. 水质型缺水的水生生态系统的生态需水量的研究进展

水生生态系统的生态需水量研究最早起源于 20 世纪 40 年代的美国(彭虹等,2002),但兼顾到水质问题具有代表性的研究是 Orth 和 Maughan(1981)在俄克拉荷马州的河流中开展的生态基流研究,采用 Tennant 法(泰能特法)试图在缺少资料的情况下合理地确定河流的生态基流。研究发现，采用 Tennant 法需要分不同的季节来确定基流。虽然其存在着一定的误差，但可以作为确定河流生态基流的一种方法。国内相关研究起步较晚。彭虹等（2002）针对汉江中下游水生态环境现状的特殊性，采用径流与生物之间关系、Tennant 法及一维污染物迁移转化模型，分别计算维持汉江中下游生物——藻类多样性的最小生态需水量、维持生物生存的最小生态需水量及维持河道内三类水质的最小生态需水量。刘静玲和杨志峰（2002）针对北方干旱和半干旱地区湖泊干枯、萎缩和水质污染等问题，系统地阐述了湖泊生态需水量的定义、计算方法之间的差异及其适用性。当前湖泊生态需水量的确定方法有：水量平衡法、换水周期法、最小水位法、功能法。其中，水量平衡法与换水周期法对于城市人工湖泊具有较高的使用价值；对于受损严重的湖泊，功能法无论是从理论基础、计算原则和计算步骤，还是从需水量的分类和组成，都能较准确地反映湖泊生态系统的健康现状和湖泊生态系统需水量之间的相互关系，是可以为防止湖泊生态系统日益恶化和为生态恢复提供技术支持的方法。倪晋仁等（2002）基于功能法开展了黄河下游的生态需水量的研究。针对黄河下游的特点，分汛期和非汛期考虑，研究发现，黄河下游汛期最小生态需水量主要由输沙需水量决定。非汛期的最小生态需水量主要是保证河流污染防治功能与河流生态功能的需水量。王效科等（2004）进行乌梁素海的生态需水量的研究工作时，明确地从水量和水质（N、P）平衡及良性循环的角度来评估研究区的生态需水量。该研究发现不同情况下的生态需水量差异较大，并且从黄河调水的方案是不可行的。由于研究中以水质为目标计算生态需水量时仅考虑稀释的作用，不考虑生物-水体-底泥之间的相互作用关系，因此实际理论值与真实值具有偏差。孙涛和杨志峰（2005a）开展了河口生态需水量的研究，研究中考虑了水循环消耗、生物循环消耗、生物栖息地等不同类型生态需水量及其随时间的变化，根据"加和性"和"最大值"原则，计算了河口生态需水年度总量，以保持河口径流自然状态为目标，确定了生态需水量年内随时间的变化率。以河口的盐度平衡与输沙用水为主要目标计算河口生态需水量，研究认为，随着需水等级的提高，水循环消耗需水量比例会不断降低；盐度平衡需水量占需水总量的主要部分，在各等级间的比例变化不大；高等级生态环境需水量主要受到泥沙输运需水量的控制。本书研究的区域是海河流域，因此对于北方河口生态需水量的计算与评价有很大的理论和指导意义，但对于南方的河口生态需水量计算而言还需进一步研究。孙涛和杨志峰（2005b）还开展了对河道生态需水量的研究工作，基于下列生态目标来计算生态需水量：①保持河道生态系统基本形态，实现河道泥沙平衡的泥沙输运水流速度目标；②不同时期、不同类型水生生物生存水深及水面面积等目标；③河道水生生物繁殖水流速度目标；④不同时期河道栖息地水体温度、透明度及营养物等水质目标；⑤不同时期河道下游生态系统的水量及水质目标等。采用水文学与水力学相结合的方法来确定生态需水量。该研究具有较好的理论意义，但实际操作中需要大量的观测数据支持，对于缺乏长期生态系统数据的地区具有一定的局限性。朱婧等（2007）开展了对华北地区湿地生态需水量的研究工作，研究认为，当湿地分别处于"资源型缺水"和"水质型缺水"时，需要采用侧重点不同的研究方法：对于资源型缺水的湿地而言，维持水量是其满足其他功能的前提；而对于水质型缺水的湿地而言，环境稀释需水量的满足是其他服务功能的先决条件。该研究估算了5种生态需水量，分别是基于水量平衡的生态需水量、基于物质平衡的生态需水量、基于环境改良的生态需水量、基于水量损失的需水量和基于最小水位法的生态需水量，然后进行比较并且强调现状分析对于生态需水量计算的重要意义。该研究中的白洋淀湿地同时面临着水质、水量的双重威胁，因此作者试图寻找一种能够通用的生态需水量计算方法，而没有考虑到不同水文年对华北湿地状况的影响。陈浩等（2007）开展了对成都平原毗河下游的生态需水量的研究，从维护水生生境的需水量、河道蒸发需水量和河道污染物稀释需水量的角度出发，分别采用 Montana 法（蒙大拿法）、定额法及功能区划和水质目标结合法来计算各个生态需水量，既考虑了河道的社会功能和环境功能，又考虑了水资源配置的时间单元，并坚持用流量来表达河流的生态需水量。张强等（2010）开展了珠江流域的生态需水量的研究，针对珠江流域水资源丰富、水质型缺水较为突出等问题，区域水环境、水生态以及水安全等成为急需解决的重要科学问题，基于最小月平均流量法、改进的 7Q10 法、北大平原资源计划（northern great plains resource program，NGPRP）法、逐月最小生态径流计算法和逐月频率计算法来计算珠江流域的生态流量。研究分析了珠江流域内各条河流的流量现状与最小生态径流量，为珠江流域的水资源开发提供了合理的依据。但由于仅仅从水文学的方法出发，并没有考虑生态系统对于径流的要求，结果适用性仍有待研究。石维等（2010）开展了海河流域平原河流的生态需水量的研究，将海河流域的河流分为水量型缺水与水质型缺水两种主要大类，更细分为干涸沙化型、水质污染型、生境破坏型三类。在计算方法上，根据类型的不同，采用植被生态需水量、10年最枯月平均流量或90%保证率最枯月平均流量、鱼类与流量的关系来分别计算生态需水量，最后与 Tennant 法进行比较。本书将具有同类生态问题的河流划为一类，强调了河流共性的东西，但弱化了河流的个性特点，并且没有考虑河流需水量的年内变化。谢永宏等（2012）开展了对洞庭湖最小生态需水量的研究工作，研究采用湿地需水量、蓄水量变化率、湿地水位关系的突变点来确定最小生态需水量，采用水量平衡与出入湖水量来分析，主要从水资源的角度出发进行研究，没有考虑泥沙、净化水质、生态系统需水等目标。国外学者 Sajedipour 等（2017）开展了伊朗巴赫泰甘湖的生态需水量的研究，采用指示物种法，以火烈鸟作为指示物种，研究其生境与湖泊的面积、水深之间的关系。根据不同湖泊面积下的火烈鸟种群数量的变化，确定能够维持其最佳生境时的湖泊面积。Nilsalab 等（2016）开展泰国地区环境需水量的研究，研究提出在水胁迫系数中，可以将环境需水作为水提款权中退款的一部分，使得各级政府与社会企业能够灵活地分配其水提款权来动态地适应其需求的变化。在泰国的水分配计划中，环境用水的优先级在水分配中起到了一个重要的角色。

2. 城市生态需水量的研究进展

乔光建等（2002）开展邢台市生态环境需水量研究。通过计算河道枯水年径流量、10 年平均需水量、净化需水量、地下水补给量来确定生态需水量。运用的方法主要有水文学法和水量平衡方法。该研究为邢台市水资源分配方案的制订起到科学的指导作用。田英等（2003）开展城市生态环境需水量的理论及应用研究。在探讨城市生态环境需水量基本概念和特点的基础上，对其进行分类，并发展了较为系统的研究方法，提出目前适宜的方法是从城市现状出发，将城市综合性分类与城市生态环境质量指标等级相结合。研究认为，城市生态需水量包括：绿地植被蒸散需水量、植被生长制造有机物需水量、支持植被生存的土壤含水需水量、水面蒸发需水量、水底渗漏需水量、湖泊作为栖息地存在的自身需水量、湖泊换水需水量和河道基流需水量。结合黄淮海地区城市生态环境质量指标等级进行评价和计算，其计算结果可满足区域水资源规划要求。姜翠玲和范晓秋（2004）把城市看作以人为主体的生态系统来探讨城市生态环境需水量的计算方法，从生活需水、工业需水、自然环境需水三个方面来研究城市生态环境需水量。其中，自然环境需水包括绿地植被蒸散需水量、植被生长需水量、维持植被生长的最小土壤含水量、水面蒸发需水量、河湖渗漏需水量、河道基流需水量、维持湖泊水面需水量、污染物稀释净化需水量。计算城市生态环境需水量既要以历史和当前需水、用水状况为基础，以经济发展、人口增长、环境改善的规划目标为依据，也要考虑生活水平迅速提高、市政设施更加完善、生产工艺不断革新以后，水资源的重复利用率将大幅度上升、人均耗水量将会降低等因素。王沛芳等（2004）开展了山区城市河流生态环境需水量的计算模式及其应用研究。该研究考虑到山区城市河流枯水期生物栖息地所需水量、稀释净化水量、河道景观功能要求的适宜水深、适宜水面面积需水量等方面，认为山区城市河流在考虑到一般城市河流应有的要素时，还应该考虑城市防洪排涝和市政排水出口等限制因素；山区城市河道生态环境需水不仅要考虑水量，更要考虑水深，通过水深的增加来保证水生生物的生境。魏彦昌等（2004）开展的海河流域生态需水核算研究中，从生态系统角度分析了生态需水内涵和生态需水与生态用水概念的差别；探讨了海河流域城市生态需水核算方法并对其生态需水量进行了核算；从水量平衡的角度研究城市生态需水量，主要考虑了城市绿地与城市水面的水量需求，没有考虑水质的影响。肖芳等（2004）以北京市六海为例，开展了城市湖泊生态环境需水量的计算，研究认为，城市湖泊生态环境需水量包括：城市湖泊蒸发需水量、城市湖泊自身存在的需水量、生物栖息地的需水量、城市湖泊净化需水量、湖泊渗漏需水量、景观和娱乐需水量；需水量计算在遵循生态优先原则、兼容性原则、最大值原则和等级制原则的基础上，还应充分考虑时间性原则，同时为完善湖泊生态系统完整性，需水量的计算还应考虑流动性原则。曾维华等（2004）以湖南省常德市穿紫河为例，开展城市河道生态环境需水研究，认为其应该包括水生生物栖息、水沙平衡、水盐平衡、维持河流稀释和自净能力、河面蒸发、景观效应、维持地下水位等功能的生态需水量。其中，各项需水量有其独立的计算方法。研究表明，城市河道生态需水量对于河道周边城区的发展具有十分重要的影响；城市河道生态需水量具有功能性、时空变化性；城市水系因为基本不受上游天然来水的影响，其河道生态需水量与引水的水质和水量有着直接的关系，可以直接采用一定水质的引水量作为河道生态需水量；城市水系的点源污染大大减少以后，非点源（城市地表径流）污染正成为城市水环境污染的一个主要问题，成为影响河道生态环境需水的主要因素。同时由于研究中没有考虑河水流动产生的自净能力，实际河道生态需水量将比计算值略小。尹民等（2005）开展黄河流域城市生态需水量案例研究。根据黄河流域城市的自然生态条件与经济发展将城市分为不同等级，以此确定相应的最小生态需水量，并且讨论了基于降水量与水资源量两个研究方面计算的生态需水量。城市生态需水量包括：植物蒸散需水、植物代谢需水、土壤需水、河道基流、湖泊存在需水、水面蒸发需水、河湖渗漏需水、湖泊换水需水。研究根据生态需水量与自然、社会因子之间的关系做出分析，为今后黄河流域城市的节水发展提出理论支持。杨志峰等（2005）根据自己团队多年的研究基础，阐述了城市生态需水量的理论与方法。他认为，城市生态需水量是针对城市中的自然生态系统而言的，它不仅取决于城市自然生态系统的结构状态与生态过程，还受到人为因素的影响。从需水机理来看，城市生态需水量涉及两个系统——城市自然生态系统与城市水文水资源系统。城市生态需水量研究需要从两个空间层次——单一城市和流域（或区域）城市进行。单一城市生态需水量研究关注城市内部需水主体之间的时空属性与联系；流域城市生态需水量研究可以看作是若干个城市的合集，除对城市个体的研究外，还要关注不同空间布局的城市之间的联系与区别。流域城市生态需水量的研究方法相对复杂，它往往需要根据某些要素（如经济规模、绿化水平、生态环境状况等）寻求城市之间的共性与联系，对城市进行合理的分类，并以此为基础对不同类别的城市生态需水量进行研究。胡习英和陈南祥（2006）开展城市生态需水量计算方法与在郑州市应用的研究。在分析当前城市生态需水量研究中的缺陷与不足后，其提出了相应的生态需水量计算范围与方法；城市生态需水量的计算包括城市河道、城市绿地和城市湖泊三部分生态需水量，并综合考虑了水量与水质的关系，城市生态需水量的计算方法比较完整和系统，与其他计算方法相比更全面、更合理，也更符合我国目前水资源的利用现状。谭雪梅（2007）开展城市河流生态需水量的计算方法研究。研究认为，构成城市河流的生态需水量主要有环境需水量（水面蒸发量、河流渗透需水量、河道基流需水量、污染物稀释净化需水量、输沙需水量、城市绿化用水）和生态需水量（维持岸边植被生长需水量、维持水生生物生存需水量），并就每一种需水量给出相应的计算方法。该研究从研究城市面临的问题出发，分析了城市河流需水量的范围与关系。于晓和陈稚聪（2007）以太原市为例，开展城市生态环境需水量研究。其将城市作为一个生态系统，论述了其自然生态环境需水量的特征。基于水量平衡与水文循环基本原理，分别从绿地、河流、湖泊、地下水 4 个方面分析了城市生态环境需水量的计算方法，建议生态需水实施过程中考虑污水回用以及城市雨洪利用工程，从而为太原市保护水资源、合理开发配制利用水资源提供依据。城市生态环境需水量计算分析，综合考虑了城市自然生态环境的协调发展，促进了生态型城市的建设，同时城市生态环境需水量的预测分析为决策部门开发利用、保护水资源提供了依据。王岳川等（2007）开展桂林市桃花江流域的生态需水量研究，研究内容主要包括流域河道外生态环境需水量与流域河道内生态环境需水量。前者包括经济作物生态环境需水量、补充水库/池塘生态环境需水量；后者指河道基本的生态环境需水量。其研究方法主要为流量和栖息地质量之间的关系法、定额法、水量平衡法。该研究为流域内的生态需水量的确定提供依据。王菊翠等（2008）初步估算了陕西关中地区生态需水量，通过分析生态需水的概念和分类，将陕西关中地区的生态需水划分为三类：河道外的生态需水（山区指标生态需水量、水土保持生态需水量、人工水域生态需水量）、河道内的生态需水（河口地区生态平衡需水量、维持合理地下水位需水量、水生生物栖息地需水量、保持河流自净需水量）和城市生态需水（城市绿地生态需水量、城市人工水域生态需水量）。植被生态需水量的计算采用直接计算法，即各种植被面积和植被蒸散发量的乘积求和；人工水域生态需水量的计算采用多年平均蒸发量与降水量的差值乘以水域面积；河流基本生态基流量以早期未遭到人类破坏的河流（渭河 1963～1983 年）最小月平均实测径流量的多年平均值作为基准；河流输沙需水量以多年平均输沙量与多年最大月平均含沙量的平均值的比值来计算。刘鑫等（2008）开展基于生态需水量的城市水生态足迹研究。城市水生态足迹包括：城市生态需水量、人类用水量、城市可更新水资源量。城市生态需水量主要包括：河流水面蒸发需水量、河流渗漏需水量、河流基础需水量、河流输沙需水量、湖泊最小生态需水量、地下水最小生态需水量。水生态足迹能反映出社会-经济-生态之间的关系，为协调各方的发展起到了一定的作用。张绪良等（2008）开展青岛市的生态需水量研究，从青岛市现状出发，针对青岛市入海径流减少、地下水超采与海水入侵、水污染严重、生态环境破坏等问题，提出了包括植被生态需水量、城市绿化需水量、水生生物需水量、河道环境需水量、地下水回灌需水量、旅游需水量在内的生态需水量，并根据水量平衡、土壤含水定额、蒸散定额、植被需水定额、物质平衡等原则来计算。该研究数据获取较合理，对青岛市的生态需水量也能较好地反映，对于海滨城市的生态需水量的研究具有一定的理论与实践价值。朱丽等（2009）在城市化进程中开展了合肥市生态环境需水量研究，该研究将城市生态环境需水量分为：城市生活需水量、城市工业需水量和城市环境需水量三部分，依照需水量增长趋势分析法来推算未来的需求。因该研究对城市生态环境需水量的计算是基于城市可用水来考虑的，对城市水面需水量只考虑特定水面蒸发及降水的差异需水量，而对于河道自身需水量、基流需水量及渗漏需水量等不考虑，这和常说的生态环境需水量有一定的偏差。刘光莲等（2010）探讨了受快速城市化过程影响的河口景观生态湿地需水量。由于河口湿地具有生物多样性丰富、海陆过渡性、新生性、生态脆弱等特点，在研究时需要着重考虑生态系统对于需水量的要求。其需水量主要包括：湿地植物需水量、湿地土壤需水量、水生生物栖息地需水量、河口湿地补给地下水需水量、景观水位需水量、蒸发需水量、湿地渗漏需水量、湿地换水量。计算景观湿地需水量时，主要从各类型指示的特定的功能和价值方面入手，具有一定的相对独立性。实际上，湿地中的水是互为联系的，很难区分出各类型的明显界限。当前关于河口湿地生态需水量的计算方法还不完善，特别是各类型需水量之间的重复计算问题还没有解决。杨沛等（2010）开展了快速城市化地区生态需水与土地利用结构关系的研究，根据我国目前快速城市化现状下城市地表水与地下水污染及城市土地类型改变关系，研究不同城市化结构下的生态需水量。生态需水量包括城市水域、城市绿地、城市林地的生态需水量。其研究分析了城市化进程中的用水结构与生态需水量，为将来的城市建设提出了合理的依据。Jia 等（2011）开展城市河流最小生态需水量的研究。考虑到河流生态系统中具有不同的生态功能，因此采用一种包络线的方法来评价最小生态需水量，其主要包括栖息地用水、景观娱乐用水、净化用水。该研究还考虑了用雨水与处理过后的地表水作为生态用水的方案。Du 等（2011）开展基于多目标系统动态模型的大连市生态需水量研究。研究证明，多目标系统动态模式在大连市是适用的，该方法使得在城市化进程中和有限的水资源限制冲突下实现城市水的可持续利用成为可能。刘正伟（2011）开展昆明市河道生态需水量的研究，研究通过计算维持河道生态系统的最小需水量、维持河道水质的最小稀释净化水量、维持河道景观功能要求适宜水深的需水量、维持适宜水面面积的需水量四部分来确定河道生态需水量。研究使用的主要方法为 Tennant 法、近 10 年最枯月平均流量或 90%保证率年径流量的月最小径流量估算、R2CROSS 法、水量平衡法。其研究结果为昆明中心城市的各河道生态补入水量、水资源调配和水资源供需分析提供参考。阮晓波等（2012）开展安徽省天长市生态需水量研究，天长市生态需水量包括河道生态需水量、绿地生态需水量、林地生态需水量、水面蒸发生态需水量、城市水库塘坝生态需水量，采用的主要方法有 Tennant 法、蒸散发定额法、水量平衡法。该研究进行了生态需水量的预测，认为林地对天长市的生态需水量影响最大，并且只有将天长市的生态需水量控制在一定的范围内才能维持生态系统的稳定。陈积敏和温作民（2013）开展城市生态环境用水量的测算与调整研究，通过研究水资源的合理配置，以确定城市经济用水与生态用水的均衡点。通过衡量工业、农业、生活用水与生态需水之间的经济价值与环境价值来进行分配，从而获得均衡点。该研究解释了生态用水的经济效益，从而为绿色 GDP 的计算提供可能。此次研究只考虑了水资源的量，尚未考虑水资源的质，在某种程度上水资源的质会影响到水资源的价值。王强等（2015）以山东胶州市为例，开展生态需水量确定，从而进行中国北方城市内河水资源综合利用与调配方案的研究，分别采用换水周期法、水量平衡法等方法，通过景观需水量、蒸发需水量、渗漏需水量来计算最小生态需水量，并根据研究结果来确定补水方案与污染物稀释，其研究了污水处理厂中水回用作为生态补水的可能性。黄奕龙和张利萍（2016）以深圳市观澜河为例，基于鱼类栖息地法进行城市河流生态需水量的估算。生境法，即选择当地的鲤鱼作为指示物种来研究河流的流速、水质，从而确定生态需水量。这种研究方法具有一定的普及性，利于快速确定生态需水量。但标志物种法由于所选择的物种具有很强的主观性，而且仅对单一物种的研究无法满足所有水生物种的生态需水量，具有一定的片面性，不利于某些水生物种的修复。李抒苡等（2016）开展基于河道功能及满意度的昆明老运粮河生态需水量研究。生态系统需水量用湿周法计算，水质稀释净化需水量用一维水质模型计算，河道景观水深需水量根据老运粮河整治规划中的具体要求确定，蒸发损失需水量采用水量平衡原理确定，研究中加入了生态环境目标满意度函数来对生态需水量进行修正，对于公共的意见能够充分的反映，对基于实际的成本——效益权衡问题进行了有意义的实践（徐星星，2012）。

7.1.2　长兴县最小和最适生态需水量的确定

与水相关的承载力计量的关键在于满足生态环境的最小或最适生态需水量的

确定。长兴县属于亚热带气候区、湿润河网区及南方水质型缺水地区，其生态需水量当前主要有天然河湖需水量、城市河湖需水量、山区水土保持需水量和城市绿化需水量。随着认识的不断深入，当然可以更全面地表达和计量长兴县的生态需水量。

1. 天然河湖需水量

天然河湖需水量的计量方法介绍如下。

1）功能法

考虑河流的各个功能来计算。天然河流一般具有维持水生生物生存、净化污染物、输沙、保持周围环境湿度、给地下水补水、维持河岸自然景观需水、作为生物的栖息地等特征，因此其生态环境需水主要包括维持水生生物生存需水量、河流稀释自净需水量、输沙需水量、蒸发需水量、渗漏需水量和景观需水量、栖息地需水量等。

（1）维持水生生物生存需水量。用蒙大拿法（Montana method）确定，规定10%的平均流量是水生生物生存的下限，达到 30%或更高的平均流量是水生生物良好到最佳的生存条件；也可用水文–生物分析法确定，水文–生物分析法是采用多变量回归统计方法，建立初始生物数据与环境条件的关系，来判断生物对河流流量的需求，以及流量变化对生物物种的影响。该方法的局限性是生物数据难获得（王庆国等，2009）。

（2）河流稀释自净需水量。用最近 10 年最枯月平均流量法确定，我国在《制订地方水污染物排放标准的技术原则与方法》（GB3839-83）中规定：一般河流采用近 10 年最小月平均流量或者90%保证率最小月平均流量。

（3）输沙需水量。一般河流的输沙功能主要在汛期完成。因此，可以忽略非汛期较小的输沙需水量，河流汛期输沙需水量计算公式如式（7.1）和式（7.2）所示：

$$C_{min} = \frac{1}{n} \sum_1^n \max(C_{ij}) \tag{7.1}$$

$$W_s = \frac{S_t}{C_{max}} \tag{7.2}$$

式中，C_{ij} 为第 i 年第 j 月的月平均含沙量（kg/m³）；n 为统计年数；W_s 为输沙需水量（m³）；S_t 为多年平均输沙量（万 t）；C_{max} 为多年最大月平均含沙量的平均值（kg/m³）。

（4）蒸发需水量。维持河流系统的正常生态环境功能。当水面蒸发高于降水量时，必须用流域河道水面以外的水体来弥补，这部分水量称为平衡水面蒸发需水量，其计算方法如式（7.3）所示：

$$\begin{cases} W_e, E \leqslant P \\ W_e = A(E-P), E > P \end{cases} \qquad (7.3)$$

式中，W_e 为水面蒸发用水量（m^3）；A 为各月平均水面面积（m^2）；E 为各月平均蒸发量（mm）；P 为各月平均降水量（mm）。

（5）景观需水量。指维持河流景观，包括水上及河岸景观需要的水分。对保持景观河流流量和水上娱乐功能所需的水面面积及流量等需水，还没有统一的计算方法和标准。在美国等一些国家主要通过立法，将部分河流划定为自然风景类河流，供人们休闲娱乐和观光旅游使用，由此确定其需要保持的水量。在我国，部分城市进行规划时，常指美化环境的河岸绿地的需水。一般依据《城市给水工程规划规范》（GB50282—98）中绿化用水量用水定额 0.1 万～0.3 万 m^3/（$km^2 \cdot d$），以及规划区内近年来绿化浇洒水量统计推荐该园区绿地用水可简单地采用每平方米绿地面积每日用水 1～2L 来估算。浇洒天数为 270 天，浇水频率为 1 年 30 次左右（董治宝等，1996）。

（6）渗漏需水量。指河床渗漏需水量。

（7）栖息地需水量。指作为生物栖息地的需水量。有湿周法、改进的湿周法及 R2CROSS 法（王庆国等，2009）。

综上所述，维持河流系统正常的生态功能所需的总的生态环境需水量由式（7.4）表示：

$$W_{总} = Max\left(W_{栖息地}, \; W_{维持水生生物生存}, \; W_{输沙}, \; W_{稀释自净}\right) + W_{景观} + W_{蒸发} + W_{渗漏} \qquad (7.4)$$

式中，$W_{总}$ 为总需水量；$W_{栖息地}$ 为栖息地的生态需水量；$W_{维持水生生物生存}$ 为维持水生生物生存的需水量；$W_{输沙}$ 为河流输沙的需水量；$W_{稀释自净}$ 为河流稀释自净污染物的需水量；$W_{景观}$ 为河流景观的需水量；$W_{蒸发}$ 为河流蒸发的需水量；$W_{渗漏}$ 为河床渗漏的需水量。

2）基于河流生态类型划分的平原河流生态需水量

石维等在 2010 年以海河流域为例，将平原河流分为三类：干涸沙化型河流、水质污染型河流和生境破坏型河流，分别给出了它们的生态需水量的计算方法。

（1）干涸沙化型河流的生态需水量。对于此类河流（河段），为保持河床湿润，采取绿化种草"以绿代水"修复措施，既不影响行洪，又能防风固沙，其生态需水量即绿化的植被所需水量，采用植被需水定额法计算。计算公式如下：植被生态需水量=植被需水定额×植被覆盖面积。计算植被生态需水量的关键是确定植被生态需水定额。有研究表明，植被盖度大于 60%时具有显著的防风固沙作用（董治宝等，1996）。

（2）水质污染型河流的生态需水量。指受到严重污染，2/3以上河长COD浓度大于农灌水标准（150mg/L）或DO小于一般鱼类致死量（0.4mg/L）的河流或河段。此类河流水量尚可，突出问题是水质，即污染物总量大大超出了河流承载能力，因此修复目标定为将污染物排放量控制在河流纳污能力以内。我国一般采用近10年最枯月平均流量或90%保证率最枯月平均流量计算污染型河流的自净需水量，并将其作为生态需水量（林超和何杉，2003），因此可以此流量作为设计流量来计算河流的纳污能力。

（3）生境破坏型河流的生态需水量。此类河流中，生态需水量的计算采用生物空间最小需求法（徐志侠，2005），该方法的关键是指示生物的选择。该研究以鱼类为指示生物，最大水深是描述鱼类生存空间的要素之一。有研究表明，中型河流鱼类所需的最大水深的下限为0.2m乘以3等于0.6m。再根据滦河多年流量水深关系曲线，计算所需生态水量。其他生境破坏型河流均有闸坝控制。对于闸坝控制的河流，主要是维持河道水面。生态需水量的计算采用槽蓄法（杨艳霞，2005）。首先根据河流所处地理位置和功能定位确定目标水深，再根据现状水量，考虑蒸发渗漏损失、换水量（假设每年换一次水）计算生态需水量。有通航要求的河道，根据《内河通航标准》（GB50139—2004），目标水深定为1.5m。城市河道一般有景观娱乐和亲水要求，目标水深定为1m。乡村河道目标水深适当降低为0.8m。

3）长兴天然河湖生态需水量的计量（天然河流）

a.计量方法

本书中只考虑天然河流生态需水量，其生态需水量包括水生生物生存需水量、河流稀释自净需水量、水面蒸发需水量、渗漏需水量、河岸景观需水量和通航需水量。其计算如式（7.5）所示：

$$W_{总}=\text{Max}\left(W_{维持水生生物生存},\ W_{稀释自净}\right)+W_{河岸景观}+W_{蒸发}+W_{渗漏} \tag{7.5}$$

（1）最小和最适水生生物生存需水量用式（7.6）和式（7.7）表示：

$$W_{最小水生生物生存}=10\%\overline{W_{年}} \tag{7.6}$$

$$W_{最适水生生物生存}=30\%\overline{W_{年}} \tag{7.7}$$

（2）河流稀释自净需水量。用近10年最小月流量法，用式（7.8）表示：

$$W_{稀释自净}=\frac{1}{10}\sum_{i=1}^{10}\min\left\{W_{ij}\right\} \tag{7.8}$$

式中，W_{ij}为近10年中第i年的最小月流量；j为第i年的流量最小的月份。

（3）河岸景观需水量。本书中指河岸带维持需要的水量，采用定额法计算，如式（7.9）所示：

$$W_{河岸景观}=S_{河岸绿地} \cdot Q_{河岸绿地} \cdot N_{灌溉} \tag{7.9}$$

式中，$S_{河岸绿地}$为河岸绿地的面积；$Q_{河岸绿地}$为河岸绿地的用水定额；$N_{灌溉}$为灌溉天数。

河岸绿地面积采用加拿大在五大湖区的景观保护规划中的设定确定：河岸景观适宜时，河长的 75% 被植被覆盖，河岸带宽 30m。河岸景观良好时，河长的 60% 被植被覆盖，河岸带宽 20m。河岸绿地用水定额根据《城市给水工程规划规范》（GB50282—98）中的规定和长兴县的实际确定。《城市给水工程规划规范》（GB50282—98）中规定的绿地用水量为 0.10 万～0.30 万 $m^3/(km^2 \cdot d)$。据 2009～2015 年长兴县降水数据（表 7.1），长兴县年降水天数 121～168 天，平均 146 天；无雨天数平均 219 天，其中降水量 0～10mm 的天数为 104 天，≥20mm 的天数为 17 天。考虑到降水≥20mm 后的第一天不干旱，降水 0～10mm 的天数在夏季也需要一定量的灌水，因此灌溉天数定为 220 天，灌溉定额定为 0.2 万 $m^3/(km^2 \cdot d)$。

（4）水面蒸发需水量。采用式（7.3）计算。对长兴县 1972～1988 年、2006～2007 年共 19 年的月降水量和水面蒸发量（采用湖州气象站数据）对比发现，只有在 7 月、8 月水面蒸发量大于降水量，水面蒸发量比降水量年平均高出 116mm。河道水域面积为 42.551$km^{2①}$。

表 7.1　长兴县 2009～2015 年降水情况

年份	无雨天数	降水天数	≥10mm 天数	≥20m 天数	0～10m 天数
2009	229	136	39	17	97
2010	197	168	47	20	121
2011	230	135	28	17	107
2012	207	158	53	19	105
2013	244	121	27	6	94
2014	220	145	53	16	92
2015	204	161	50	25	111
平均	219	146	42	17	104

（5）渗漏需水量。采用式（7.10）表示：

$$W_{渗漏}=S_{河流} \cdot k_{渗漏} \cdot h_{河流} \tag{7.10}$$

式中，$S_{河流}$为天然河流面积；$k_{渗漏}$为河床的渗漏率；$h_{河流}$为长兴县天然河流生态环境良好时的水深。

长兴县的河床渗漏率按 0.15 计（来自海河流域）；长兴县通航河流水深根据《内河通航标准》（GB50139—2004）定为 1.5m。其他河流生态环境良好时的最小

---

① 长兴县水利水电勘测设计所.2009.长兴县水域保护规划报告（报批稿）.

水深定为 0.9m。水深确定依据是：卢红伟等（2013）认为，中型山区河流鱼类水力生境参数参考标准中平均水深为 0.3m，最大水深为鱼类体长的 2~3 倍。考虑到研究区大部分河流为平原区河流，其水深要大一些才能输沙和具有流动性大的特点。当地鱼类主要为鲫鱼和鲤鱼，因此最大水深应为 1.31m（表 7.2）。据林超和何杉（2003）及徐志侠（2005）的研究，并参照黄奕龙和张利萍（2016）的《基于鱼类栖息地法的城市河流生态需水评估——以深圳市观澜河为例》一文，最后最大水深定为 0.9m。天然河流平均宽度据《长兴县杨家浦断面水质稳定方案》[①]定为 33m。长兴河流干流总长度为 476.4km，其中通航里程为 59km。

表 7.2　长兴县河流主要性成熟鱼类的最小体长数据

项目	鲫鱼	鲤鱼	青鱼	草鱼	鳙鱼	鲢鱼
最小体长/cm	9	65.3	90	67.2	85	65.1

资料来源：湖北省水生生物研究所鱼类研究室，1976；倪勇和朱成德，2005；黄亮亮等，2012。

　b.数据及其来源

　　水生生物生态需水量及河流稀释自净需水量的流量数据来源于长兴（二）站（简称长兴站）和港口站，如图 7.1 所示。长兴站流量数据只有 12 年（1978~1987年、2006 年、2007 年）。长兴站的数据代表西北山区来水。港口站有 35 年的数据

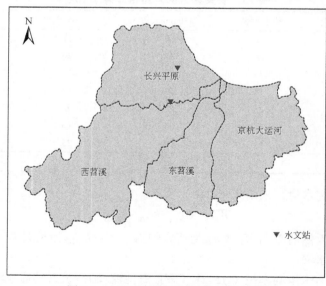

图 7.1　长兴县流量测定的水文站位置

① 长兴县杨家浦断面水质稳定方案. https://www.docin.com/p-1876855854.html.

（1963～1988 年的来自范家村站，2006～2014 年的来自港口站），港口站数据代表从西苕溪进入长兴平原的流量，集水面积 1970km²。

长兴站数据来自《中华人民共和国水文年鉴》，长江流域水文资料，第 6 卷，第 20 册，太湖区（湖区水系、黄浦江水系，杭嘉湖区水系），2013，水利部水文局，2014.12 印。

港口站数据来自《中华人民共和国水文年鉴》，长江流域水文资料，第 6 卷，第 19 册，太湖区（苕溪水系、南溪水系），2013，水利部水文局，2014.12 印。

4）结果分析

（1）长兴站和港口站的年径流量和最枯月径流量对比。长兴县的河流水生生物生存需水量和污染物稀释需水量取决于两个水文站的年径流量和最枯月径流量，一个是长兴站，计量的是来自西北山区汇入平原的径流量；另一个是港口站，指来自西苕溪进入长兴平原的集水面积（1970km²）。长兴站的最枯月流量最低值出现在 1987 年的 10 月，只有 0.19m³/s，最高值出现在 1985 年的 1 月，有 3.51m³/s。平均最枯月流量为 1.13m³/s。从现有数据来看，1978～2007 年，最枯月流量的总趋势是呈现波动式的上升，应该注意流量过低的波动年，这些波动年的最枯月流量有可能太低，会导致不能满足污染物质的稀释需水量；同样，港口站用更长系列的数据来计算，可以看出港口站的最枯月流量最低值出现在 1968 年的 11 月，只有 0.99m³/s，最高值出现在 1975 年的 3 月，有 28.4m³/s，平均最枯月流量为9.7m³/s。从图 7.2～图 7.5 和表 7.3 可见，1978～2007 年，港口站的最枯月流量的变化趋势同样是在波动式上升，港口站的最枯月最容易出现在 12 月，其次是 1月；长兴站最容易出现在 1 月，其次是 2 月。港口站的最枯月流量平均值大于长兴站的最枯月流量平均值，为长兴站的 8.58 倍。因此，长兴站的河流稀释污染物主要决定于来自于港口站的径流量。长兴站的年最小径流量出现在 1978 年，只有0.0026 亿 m³，最高值出现在 1983 年，有 4.08 亿 m³，平均值为 2.02 亿 m³。从图7.3 可见，1978～2007 年，长兴站的年径流量的变化趋势呈现波动式上升；同样，从图 7.5 可见，港口站的年径流量最低值出现在 1965 年，只有 0.62 亿 m³，最高值出现在 1983 年，有 22.05 亿 m³，平均值为 13.96 亿 m³，约是长兴站的 7 倍。1963～2014 年，港口站的年径流量的总趋势呈现波动式上升；另外，还发现，港口站的年径流量的变化趋势比长兴站的年径流量变化趋势更加的稳定，所以只要港口站的流量变化不大。对该区的水生生物的影响就不是很大；长兴站是山区来的水量，它的变化幅度比较大，有可能是因为长兴站的山区开成茶园的缘故，这与人类活动有关系。因此，长兴县河流中的水生生物多样性维持和稀释污染物主要决定于来自港口站的径流量。

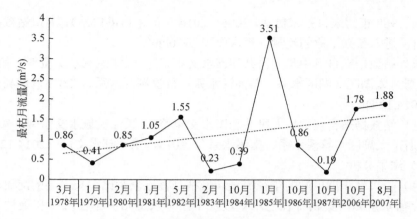

图 7.2　长兴站最枯月流量的变化

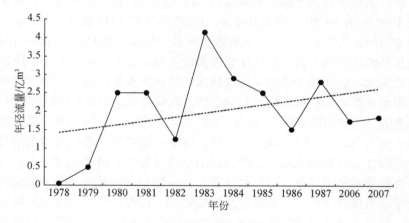

图 7.3　长兴站年径流量的变化

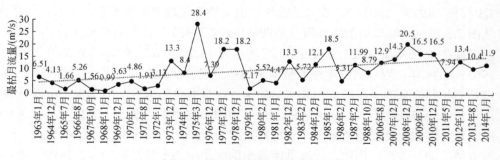

图 7.4　港口站最枯月流量的变化

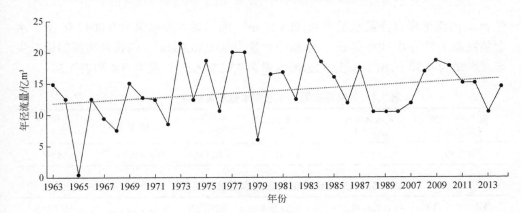

图 7.5　港口站年径流量变化

表 7.3　长兴站和港口站最枯月出现的月份及其出现的次数及年份

站名	最枯月出现的月份	相应最枯月出现的次数	相应最枯月出现的年份
	1	3	1979，1981，1985
	2	2	1980，1983
	3	1	1978
长兴站	5	1	1982
	8	1	2007
	9	1	1984
	10	3	1986，1987，2006
	1	9	1963，1970，1972，1974，1979，1981，1985，2009，2014
	2	4	1980，1983，1986，1987
	3	1	1975
	5	1	2011
港口站	7	1	1965
	8	4	1966，1971，2006，2013
	10	2	1967，1988
	11	2	1988，2012
	12	11	1964，1969，1973，1976，1977，1978，1982，1984，2007，2008，2010

（2）据湖州市水资源保护规划报告，采用港口站数据计算长兴河流的最小水生生物生存需水量和最适水生生物生存需水量，分别为 4.4250 亿 m^3 和 13.2750

亿 m^3。河流稀释自净需水量为 4.1984 亿 m^3。河岸景观需水量为 0.0047 亿 m^3。水面蒸发需水量为 0.0490 亿 m^3。渗漏需水量为 0.0230 亿 m^3，则长兴河流的最小生态需水量为 4.50 亿 m^3，最适生态需水量为 13.35 亿 m^3，见表 7.4 和表 7.5。

表 7.4　长兴河流最小生态需水量及其组成　（单位：亿 m^3）

最小水生生物生存需水量	河流稀释自净需水量	河岸景观需水量	水面蒸发需水量	渗漏需水量	最小生态需水量
4.4250	4.1984	0.0047	0.0490	0.0230	4.50

表 7.5　长兴河流最适生态需水量及其组成　（单位：亿 m^3）

最适水生生物生存需水量	河流稀释自净需水量	河岸景观需水量	水面蒸发需水量	渗漏需水量	最适生态需水量
13.2750	4.1984	0.0047	0.0490	0.0230	13.35

目前长兴现状河流生态基流量能满足 95%，说明河道需水量完全能够满足，在生态补水中不用考虑河道补水，只要考虑河岸景观需水量就行，那么其河岸景观最小生态需水量为 0.0025 m^3，最适生态需水量为 0.0047 亿 m^3。

2. 城市河湖需水量

城市河湖需水量指主要满足城市景观和娱乐休闲的需要补充的水量。目前长兴城市河湖生态需水量可通过人口定额法和水域面积法来确定。

1）人口定额法

根据北京、天津等城市的经验，城市河湖环境年用水的下限为人均 20 m^3，则河湖需水量计算如式（7.11）所示：

$$W_{城市河湖} = P_{人口} \times 20 \tag{7.11}$$

按 2014 年计算，长兴县城市人口为 36.89 万人，则长兴河湖需水量为 0.0037 亿 m^3。

2）水域面积法

指达到良好生态环境需要扩大的水域面积所需要的水量，用式（7.12）表示。

$$W_{城市河湖} = S_{扩大} \times (D_水 - P) \tag{7.12}$$

式中，$S_{扩大}$ 为扩大的水域面积；$D_水$ 为水深；P 为长兴县多年平均降水深度。

根据《浙江省河道建设标准》规定，新建开发区（工业园区）或城市新区建设，应同步进行水系布局，一般应有 8% 以上的水面率。本书认为长兴城市生态环境良好时全市的水面率为 7.5%，扩大的水域深度定为 1.5m，考虑到当地多年平均降水量为 1347.7mm（1.3477m），则按水域面积法长兴县的城市河湖需水量为 0.0298 亿 m^3。

3. 山区水土保持需水量

山区水土保持需水量采用定额法计算，如式（7.13）所示：

$$W_{水土保持}=S_{水土保持} \times q_{水土保持} \qquad (7.13)$$

式中，$S_{水土保持}$ 为水土保持面积；$q_{水土保持}$ 为水土保持需水定额。

据长兴县水土保持规划（浙江中水工程技术有限公司，2015）可知，长兴县 2013 年山区水土流失面积比为 5.81%。相应地，2013 年山区的植被覆盖率是 51.8%。据湖州市的信息统计网可知，长兴县总面积为 1431km²。林业用水定额来自浙江省水利厅，浙江省经济贸易委员会及浙江省建设厅文件《浙江省用水定额（试行）》浙水政（2004）46 号。林业育种育苗时苗木用水定额为 50～100m³/亩，考虑到一般在育苗三年内都需要一定的用水，苗木成活后会有一定涵养水源的功能。本次的计算中第一年采用 100m³/亩，第二年采用 50m³/亩，第三年采用 20m³/亩，平均每年 57m³/亩。对于长兴山区而言，植被覆盖率分别为 60% 和 80%，水土流失面积比为 5.03% 和 2% 时生态环境达到良好（土壤侵蚀处于轻度接近优良状态）和优秀（土壤侵蚀极其轻微），则长兴县山区最小水土保持需水量为水土流失面积比在 5.03% 时对应的生态需水量。长兴县山区最适水土保持需水量为水土流失面积比在 2% 时对应的生态需水量。

经计算，长兴县山区最小水土保持需水量和最适水土保持需水量分别为 0.0285 亿 m³ 和 0.1390 亿 m³。

4. 城市绿化需水量

采用定额法计算。用姜翠玲和范晓秋（2004）在《城市生态环境需水量的计算方法》一文中提出的方法，如式（7.14）所示：

$$W=\sum_{i}^{n} S_i q_i / \pi_i \qquad (7.14)$$

式中，W 为城市绿化需要的总灌溉需水量，亿 m³；S_i 为第 i 种绿地的灌溉面积；q_i 为第 i 种绿地的净灌溉定额；π_i 为灌溉水利用系数。

计算时不考虑绿地的分类，城市绿地中灌木和草本灌溉的概率较大，但在本次计算中仅考虑绿地总面积。

2014 年长兴县建成区面积为 48km²，绿化面积比为 45.81%，公园绿地面积为 408hm²。据郭秀锐等（2002）在《城市生态系统健康评价初探》一文中的研究认为，建成区绿化率等于或大于 50% 为很健康，等于或大于 45% 为健康，则长兴当前绿地处于健康状态，处于良好状态，还没有达到优即最适状态。长兴为国际花园城市之一（https://baike.so.com/doc/8920122-9246965.html），说明城市生态环境已处于舒适状态。考虑到城市林地本身具有的涵养水源的能力，一般不需要灌水。据王德平等（2010）的研究，城市环境舒适主要在于林地面积占城市面积的比例为 19%。因此，城市良好环境维护中，只要通过灌溉维持由草地和灌木组成的26.81%的绿地就行。灌溉定额采用城市给水工程规划规范（浙江省城市规划设计院，1998）中的公共设施管理业用水定额，见表 7.6。

表 7.6　公共设施管理业用水定额（浙江省城市规划设计院，1998）

行业代码	类别名称	产品名称	定额单位	定额值
N812	园林绿化业	绿化	$L/(m^2 \cdot d)$	1.3
N8132		公园、动物园、植物园		0.6

灌溉天数和河岸景观需水量计算时的规定一样按 220 天计，灌溉水利用系数采用 0.9，则长兴建成区绿化在处于良好状态时最小生态用水量为 0.0339，处于最适状态时最小生态用水量为 0.0404 亿 m³。

综合上述可见，长兴县最小及最适生态需水量及其组成，见表 7.7 和表 7.8。

表 7.7　长兴最小生态需水量及其组成　（单位：亿 m³）

河流最小生态需水量	城市河湖需水量	水土保持需水量	城市绿化需水量	最小生态需水量
4.50	0.0298	0.0285	0.0339	4.5922

表 7.8　长兴最适生态需水量及其组成　（单位：亿 m³）

最适河流生态需水量	城市河湖需水量	水土保持需水量	城市绿化需水量	最适生态需水量
13.35	0.0298	0.1390	0.0404	13.5592

7.1.3　长兴县现状生态补水量的确定

长兴县现状（2014 年）生态补水量包括河岸景观用水、山区水土保持用水、城市绿化用水及城市河湖用水，共计 0.1812 亿 m³，具体计算如下。

1）河岸景观用水量

河岸景观现状河岸绿化带为 5m（参考南京市的实际情况确定），河岸植被覆盖率按 51.3%（《湖州山区统计年鉴》）计，计算方法和河流河岸景观生态需水量计算方法一致，经计算河岸景观现状生态用水量为 0.0005 亿 m³。

2）山区水土保持用水量

据长兴县水土保持规划（报批稿）[①]，2013 年水土流失面积比为 5.81%，预计 2020 年通过治理达到 5%，长兴县面积为 1431km²，则长兴县 2014 年的水土保持面积为 1.66km²，采用定额法计算得 2014 年长兴山区水土保持用水量为 0.0025 亿 m³。

---

① 浙江中水工程技术有限公司.2015.湖州市水资源保护规划（报批稿）.

3）城市绿化用水量

其计算方法和城市绿化生态用水量计算方法一致，唯一区别在于有效灌溉系数为 0.6，则现状年城市绿化用水量为 0.0510 亿 m^3。

4）城市河湖用水量

从湖州 2015 年统计年鉴上获知，长兴的生态环境补水量 2014 年为 0.1812 亿 m^3，那么总量减去河岸景观和山区水土保持及城市绿化用水量，剩下的应是长兴城市河湖用水量，见表 7.9。

表 7.9 现状生态补水量 （单位：亿 m^3）

年份	河岸景观	山区水土保持	城市绿化	城市河湖	总计
2014	0.0005	0.0025	0.0510	0.1272	0.1812

7.2 研 究 方 案

7.2.1 长兴县关联互动模型

基于太湖流域试点地区长兴县与水相关的生态环境承载能力（水质部分）试评价中提出的长兴县水资源-与水相关的生态环境-社会经济互动模型框架，依据数据的可获得性最终建立如下模型。

1）水量平衡模拟模型

长兴县是有人类经济活动的区域，其水量平衡方程式表示为

$$W_{供} = W_{用} \tag{7.15}$$

$$W_{用} = W_{生产用} + W_{生活用} + W_{生态用} \tag{7.16}$$

$$W_{生产用} = W_{工业用} + W_{农业用} \tag{7.17}$$

$$W_{农业用} = W_{农田灌溉用} + W_{林牧渔畜用} \tag{7.18}$$

$$W_{农田灌溉用} = 0.76 W_{农业} \tag{7.19}$$

$$W_{农田灌溉用} \cdot uc_{灌溉水} = W_{农田灌溉耗} \tag{7.20}$$

$$W_{工业用} = W_{火核电业用} + W_{高用水工业用} + W_{一般工业用} \tag{7.21}$$

$$W_{火核电业用} = 0.3493 \cdot W_{工业用} \tag{7.22}$$

$$W_{高用水工业用} = 0.3593 \cdot W_{工业用} \tag{7.23}$$

式（7.15）中，$W_{供}$ 为计算时段内供水量（$10^4 m^3/a$）；$W_{用}$ 为计算时段内用水量（$10^4 m^3/a$）。

式（7.16）中，$W_{用}$ 为计算时段内本区域用水量（$10^4 m^3/a$）；$W_{生产用}$ 为计算时

段内本区域生产用水量（$10^4 \text{m}^3/\text{a}$）；$W_{\text{生活用}}$为计算时段内本区域生活用水量（$10^4 \text{m}^3/\text{a}$）；$W_{\text{生态用}}$为计算时段内本区域生态用水量（$10^4 \text{m}^3/\text{a}$）。

式（7.17）中，$W_{\text{工业用}}$为计算时段内本区域工业用水量（$10^4 \text{m}^3/\text{a}$）；$W_{\text{农业用}}$为计算时段内本区域农业用水量（$10^4 \text{m}^3/\text{a}$）。

式（7.18）中，$W_{\text{农田灌溉用}}$为计算时段内本区域农田灌溉用水量（$10^4 \text{m}^3/\text{a}$）；$W_{\text{林牧渔畜用}}$为计算时段内本区域林牧渔畜用水量（$10^4 \text{m}^3/\text{a}$）。

式（7.19）中，0.76 为农田灌溉用水量在总农业用水量中的占比，其随当地农业规划发生变化，本次计算中采用《湖州统计年鉴》中 2013～2015 年的农业用水量和农田灌溉用水量进行线性拟合得到。

式（7.20）中，$W_{\text{农田灌溉耗}}$为计算时段内本区域农田灌溉耗水量（$10^4 \text{m}^3/\text{a}$）；$uc_{\text{灌溉水}}$为计算时段内本区域农田灌溉水有效利用系数。

式（7.21）中，$W_{\text{火核电业用}}$为计算时段内本区域火核电业的用水量（$10^4 \text{m}^3/\text{a}$）；$W_{\text{高用水工业用}}$为计算时段内本区域高用水工业的用水量（$10^4 \text{m}^3/\text{a}$）；$W_{\text{一般工业用}}$为计算时段内本区域一般工业的用水量（$10^4 \text{m}^3/\text{a}$）。

式（7.22）、式（7.23）中，0.3493 和 0.3593 分别为火核电业的用水量和高用水工业的用水量在总工业用水量中的占比，本次计算中采用 2014 年、2015 年、2017 年湖州市水资源公报中的数据进行线性拟合得到。

2）社会经济-水量关系模型

水土资源-环境-社会经济互动关系模型中，社会经济指标中考虑工业增加值 $\text{GDP}_{\text{工业}}$、农业增加值 $\text{GDP}_{\text{农业}}$、国内生产总值 $\text{GDP}_{\text{总}}$、粮食产量 LC 及单方水农业 GDP 增加值 WNZ。

工业增加值与工业用水量、农业增加值与农业用水量、国内生产总值与生活用水量、粮食产量与农业用水量之间有必然的联系，根据它们之间的关系构造社会经济-水量关系模型，如式（7.24）～式（7.28）所示：

$$\text{GDP}_{\text{工业}} = 10^{-4} \cdot \frac{W_{\text{工业}}}{q_{\text{工业用水}}} \tag{7.24}$$

式中，$q_{\text{工业用水}}$为工业用水定额（$\text{m}^3/\text{万元}$）；$\text{GDP}_{\text{工业}}$为工业 GDP 增加值（万元）。

$$\text{GDP}_{\text{农业}} = W_{\text{农}} \cdot \text{GDP}_{\text{单方水农业}} \tag{7.25}$$

式中，$\text{GDP}_{\text{农业}}$为农业 GDP 增加值（万元）；$\text{GDP}_{\text{单方水农业}}$为单方水农业 GDP（$\text{元}/\text{m}^3$）。

$$\text{GDP}_{\text{总}} = \text{GDP}_{\text{人均}} \cdot \frac{W_{\text{生活用水}}}{q_{\text{人均生活用水}}} \tag{7.26}$$

式中，$q_{人均生活用水}$为人均生活用水定额（m³/a）；GDP$_{人均}$为人均 GDP（元）；GDP$_{总}$为总的 GDP 增加值（万元）。

$$LC=f_4(农业用水量,农业灌溉定额) \tag{7.27}$$

$$WNZ=\frac{GDP_{农业}}{W_{农田灌溉用}+W_{林牧渔畜用}} \tag{7.28}$$

3）生态环境-水量关系模型

水土资源-生态环境-社会经济互动关系模型中，生态环境指标中考虑的水环境指标有 COD 排放量 C_1（10^4t/a）和氨氮排放量 C_2（10^4t/a）；水生态指标有：河流生态需水保证率 C_3（%）、水面率 C_4（%）、建成区绿化率 C_5（%）、水土流失面积比 C_6（%）。

（1）水环境-水量关系模型。水环境-水量关系模型指水环境指标 COD 排放量 C_1、氨氮排放量 C_2 与水量间的关系模型，描述的是污染物 COD 排放量 C_1 及氨氮排放量 C_2 与水量间的关系。据《湖州统计年鉴》2012～2015 年的数据，建立的模型如式（7.29）～式（7.36）所示：

$$C_1=C_{1工}+C_{1农}+C_{1生活} \tag{7.29}$$

$$C_{1工}=0.3072\times10^{-4}\cdot W_工 \tag{7.30}$$

$$C_{1农}=0.0616\times10^{-4}\cdot W_农 \tag{7.31}$$

$$C_{1生活}=1.0833\times10^{-4}\cdot W_{生活} \tag{7.32}$$

$$C_2=C_{2工}+C_{2农}+C_{2生活} \tag{7.33}$$

$$C_{2工}=0.0121\times10^{-4}\cdot W_工 \tag{7.34}$$

$$C_{2农}=0.0083\times10^{-4}\cdot W_农 \tag{7.35}$$

$$C_{2生活}=0.2768\times10^{-4}\cdot W_{生活} \tag{7.36}$$

式中，$C_{1工}$、$C_{1农}$、$C_{1生活}$分别为工业 COD 排放量、农业 COD 排放量、生活 COD 排放量（指城镇生活污水中 COD 排放量），分别表示成工业用水量、农业用水量、生活用水量的函数；$C_{2工}$、$C_{2农}$、$C_{2生活}$分别为工业氨氮排放量、农业氨氮排放量、生活氨氮排放量，分别表示成工业用水量、农业用水量、生活用水量的函数。

（2）水生态-水量关系模型。水生态指标河流生态需水保证率 C_3、水面率 C_4、建成区绿化率 C_5 及水土流失面积比 C_6 分别与之相对应的生态用水量之间有必然的联系，根据它们之间的关系建立水生态指标-水量关系模型，在建立水生态-水量关系模型时不考虑水质对原环境中的水作为生态用水使用的影响，原因有两个：①长兴总河长 1631.582km 中，污染河长只有 54.4km，只占 3.33%，总河流正常水位水面面积的 6.01%和总正常水位蓄水量的 3.66%被污染，达不到控制目标 3 类水的标准（表 7.10）。②若考虑原环境中生态用水的水质，则可以通过稀释法来降低水质。评价标准依据《地表水环境质量标准》（GB3838—2002），其中评价要素为 COD_{Mn}、NH_3-N，具体评价指标见表 7.11。稀释水必须要有水源地供水才行。在如表 7.12 和表 7.13 所示的设定加入水的水质的情况下需要 5～15 倍的水量，这实施起来不太现实（详细解释见稀释法提高水质需要的水量确定）。

稀释法提高水质需要的水量确定：

设定原水体体积为 V_1，稀释水体积 $V_{稀释}$。若原水体水质为 V 类水，按 COD_{Mn} 计算，目标水体水质为 II 类水（饮用水源地）时，加入水体水质浓度为 3mg/L，则

$$\frac{V_1 \times 15 + V_{稀释} \times 3}{V_1 + V_{稀释}} = 4 \tag{7.37}$$

表 7.10　长兴河道中的污染河段

水域（水质）	长度/km	面积/km²	容积/万 m³	水系	功能区范围
河道	1631.582	42.551	13282.3		长兴
张王塘港（V）	7.2	0.64	70.81	箬溪	下箬乡杨湾—李家巷镇小箬桥
泗安塘东段（IV）	18	0.49	69.38		林城镇区—吕山乡钮店桥
姚家桥港（IV）	10.5	0.35	70.34	泗安溪	林城镇区—小浦镇画溪
杨家浦港（IV）	18.7	1.09	274.89		吕山横塘渡—虹桥镇杨家浦
污染河道	54.4	2.56	485.41		
污染河道的比率（%）	3.33	6.01	3.66		

注：来自长兴水域调查成果表[①]

表 7.11　地表水水质类别及其标度

项目		水质类别/（mg/L）				
		I	II	III	IV	V
COD_{Mn}	≤	2	4	6	10	15
NH_3-N	≤	0.15	0.5	1	1.5	2

经计算，稀释水体体积为原水体体积的 11 倍。用同样的方法可以算出在设定加入水体水质浓度的情况下，长兴饮用水源地和达到水系水体功能及控制目标需要的稀释水量巨大，见表 7.12 和表 7.13，因此用稀释法来降低水体水质可能性不大。只有靠其他修复方法来改善水体水质，因此在建立水生态指标与水量关系式时不考虑水质。

① 长兴县水利水电勘测设计所. 2009. 长兴县水域保护规划报告（报批稿）.

表 7.12　饮用水源地稀释需要的最小水量

原水体水质	V	IV	III
加入水体 COD_{Mn} 的浓度/（mg/L）		3	
水量（原水体的倍数）	11	4	2
加入水体 $NH_3\text{-}N$ 的浓度/（mg/L）		0.4	
水量（原水体的倍数）	15	10	5

注：目标水体为 II 类水。

表 7.13　达到长兴水系水体功能及控制目标时稀释需要的最小水量

原水体水质	V	IV
加入水体 COD_{Mn} 的浓度/（mg/L）		5
水量（原水体的倍数）	9	4
加入水体 $NH_3\text{-}N$ 的浓度/（mg/L）		0.9
水量（原水体的倍数）	10	5

注：目标水体为 III 类水。

水生态指标河流生态需水保证率 c_3、水面率 c_4、建成区绿化率 c_5 及水土流失面积比 c_6 分别与之相对应的生态用水量之间的关系模型如下。

$$W_{生态} = W_{天然河道} + W_{城市河湖} + W_{山区水土保持} + W_{城镇公共} \tag{7.38}$$

$$W_{天然河道} = k_{03}(c_{03} - c_3) \tag{7.39}$$

$$W_{城市绿化} = \frac{S_{建成区} \cdot (c_{04} - c_4) \cdot k_{06} + (c_4 - r_{森林}) \cdot k_{04}}{100} \tag{7.40}$$

$$W_{城市河湖} = \frac{S_{长兴市} \cdot (c_{05} - c_5) \cdot k_{05}}{100} \tag{7.41}$$

$$W_{山区水土保持} = \frac{S_{区域} \cdot (c_6 - c_{06}) \cdot k_{06}}{100} \tag{7.42}$$

式（7.38）表示了长兴县生态用水量的基本组成，它由天然河道生态用水量 $W_{天然河道}$、城市河湖生态用水量 $W_{城市河湖}$、山区水土保持用水量 $W_{山区水土保持}$ 及城镇公共用水量 $W_{城镇公共}$（$=4.5\%W_{用}$）组成。

式（7.39）表示天然河道生态补水量，天然河道生态补水量等于总的河道生态用水量减取原有河道可用的生态水量，用河道最小生态用水量 k_{03}（$10^4 m^3$）、河道环境修复后的目标需水保证率 c_{03} 及基准年河道生态需水保证率 c_3 之间的关系表示。

式（7.40）表示城市绿化用水量，城市绿化用水量用基准年的建成区的绿化率 c_4、单位区域面积绿化用水量 k_{04}[$m^3/(m^2 \cdot a)$]、目标年建成区的绿化率 c_{04} 之间的关系表示。$S_{建成区}$ 为建成区面积（km^2）；$r_{森林}$ 为建成区森林覆盖率。

式（7.41）表示城市河湖生态补水量。城市河湖生态补水量等于总的河湖生态用水量减去原有河湖可用的生态水量。用生态环境良好时（目标修复年）的水面率 c_{05}、长兴市面积 $S_{长兴市}$（km^2）、单位面积河湖最小生态用水量 k_{05} $[m^3/(m^2 \cdot a)]$ 及基准年的河湖水面率 c_5 之间的关系表示。

式（7.42）表示山区水土保持用水量。它用基准年区域水土流失面积比 c_6、单位区域面积水土保持用水量 k_{06} $[m^3/(m^2 \cdot a)]$（只指育苗 3 年的用水量）、目标年水土保持用水量补充后的水土流失面积比 c_{06} 之间的关系表示。S 区域为研究区面积，这里指长兴市面积（km^2）。

这样以水量为主线，长兴县水土资源-生态环境-社会经济之间的互动关系模型就建成了。

4）社会经济预测模型

社会经济方面主要指人口和 GDP，用它们的增长率来表示。

$$P_t = P_{t-1}(1+k_p) \tag{7.43}$$

$$GDP_t = GDP_{t-1}(1+k_{GDP}) \tag{7.44}$$

$$GDP_{人均} = \frac{GDP_t}{P_t} \tag{7.45}$$

式中，P_t、GDP_t 分别为第 t 年的人口数和 GDP；P_{t-1}、GDP_{t-1} 分别为第 $t-1$ 年的人口数和 GDP；k_p、k_{GDP} 分别为人口和 GDP 的增长率。利用 1978～2014 年共计 37 年的数据和 MATLAB 编程获得长兴县人口和 GDP 的增长率分别为 k_p=0.005 和 k_{GDP}=0.121。

以上就是适用于长兴县的具有成熟关系式的水土资源-环境-社会经济模型，简称 Mod（RESE）。

7.2.2　长兴县优化互动模型

基于水资源承载力的概念和可持续发展的理念，立足于生态文明，在太湖流域承载力计量模型框架基础上，结合长兴县的实际，构建长兴县水资源综合承载规模计量模型——关联优化互动模型。

1）目标函数

因为太湖流域的生态环境承载力是由水资源和与水相关的生态环境质量刻画的，既要生态环境质量好，又要社会经济水平维持稳定发展水平的人口和经济规模（GDP）。可见，我们的目标应是双重目标，第 N 年太湖流域生态环境承载能力量化模型的目标函数记为

$$BTI = \max \prod_{T=1}^{N} [WES(T)]^{\frac{1}{N}} \tag{7.46}$$

式中，WES（T）为生态环境质量与社会经济发展水平的综合测度指标，表示 T 时段生态环境质量-社会经济水平综合评价的量值，称为生态环境质量-社会经济水平综合测度。WES 最大情况下的经济规模、人口数及对应的水资源配置模式、生态环境质量模式就是生态环境承载能力确定的目的。从发展角度来讲，生态环境质量、社会经济水平是衡量流域可持续发展的两个重要指标，生态环境质量越好，社会经济水平越高，这样的发展趋势正是流域可持续发展的趋势。因此，BTI 称为可持续发展测度。WES（T）的计算见式（4.1）~式（4.4）。

2）约束条件的构成

a.水土资源-生态环境-社会经济复合系统互动关系约束

水土资源（resources of water and soil）-生态环境（eco-environments）-社会经济（social economy）复合系统互动关系模型用 Mod（RESE）表示，见 4.3.2 节表示。

b.水资源约束

$$W_{总可用} \geqslant W_{工} + W_{农} + W_{生活} + W_{生态} \tag{7.47}$$

式中，$W_{工}$、$W_{农}$、$W_{生态}$ 及 $W_{生活}$ 分别为研究区域计算时段内的工业、农业、生态及生活用水量；$W_{总可用}$ 为研究区域计算时段内的总可用水量，为该区域计算时段内地表水资源量、地下水资源量、调入或流入区域的水资源量、污水回用水量、利用的微咸水量之和。

c.与水相关的生态环境约束

（1）水环境约束。

污水排放量：

$$W_{工业废} + W_{生活污} + W_{农业废} \leqslant B \tag{7.48}$$

式中，$W_{工业废}$、$W_{生活污}$、$W_{农业废}$ 分别为研究区域计算时段内的工业废水、生活污水、农业废水排放量（m^3）；B 为流域研究区域计算时段内允许排放的污水量（m^3），等于流域污水处理量与流域水体自净量之和。

污染物入河量 [考虑化学需氧量（COD）入河量和氨氮入河量]：

$$Q_{入河,i} = Q_{工业废,i}(1 - R_{工业废,i}) + Q_{生活污,i}(1 - R_{生活污,i}) + Q_{农业废,i}(1 - R_{农业废,i}) \leqslant B_i \tag{7.49}$$

式中，$Q_{入河,i}$ 为流域计算时段内污染物入河量（t）；$Q_{工业废,i}$、$Q_{生活污,i}$、$Q_{农业废,i}$ 分别为流域计算时段内工业废水、生活污水及农业废水中的污染物排放量（t）；$R_{工业废,i}$、$R_{生活污,i}$、$R_{农业废,i}$ 分别为流域计算时段内工业废水、生活污水及农业废水中的污染物处理率（%）；B_i 为允许的污染物入河量，即流域水体的纳污量（t），$i=1$ 时污染物为化学需氧量（COD）入河量，$i=2$ 时污染物为氨氮入河量。

（2）水生态约束。

天然河岸宽度（或天然河流生态需水保证率）：

$$C_3 \geqslant A_3 \tag{7.50}$$

式中，C_3 为天然河岸宽度或天然河流生态需水保证率；A_3 为要求的天然河岸平均宽度或天然河流生态需水保证率。由于研究区长兴县的天然河流生态需水能保证，在计量时仅仅考虑河岸景观需水，采用天然河岸平均宽度表示。

城市绿化率（指建成区绿化率）：

$$C_4 \geqslant A_4 \tag{7.51}$$

式中，C_4 为城市建成区绿化率；A_4 为要求的建成区绿化率。

水面率：

$$C_5 \geqslant A_5 \tag{7.52}$$

式中，C_5 为城市水面率；A_5 为要求的城市水面率。

水土流失面积比：

$$C_6 \leqslant A_6 \tag{7.53}$$

式中，C_6 为水土流失面积比；A_6 为许可的水土流失面积比。

d.社会经济方面约束

人均 GDP：

$$\mathrm{GDP}_{rj} \geqslant A_{\mathrm{GDP}rj} \tag{7.54}$$

式中，GDP_{rj}、$A_{\mathrm{GDP}rj}$ 分别为长兴县的人均 GDP 及人均 GDP 的最小值，元。人均 GDP 的最小值为 24000 元。

e.可持续发展约束

$$\mathrm{WES}(T) \geqslant \mathrm{WES}(T-1) \tag{7.55}$$

3）生态环境可承载的判定条件

生态环境可承载的判定条件详述见 4.3.3 节。

7.2.3 优化互动模型中各变量的解释

1. 目标函数中的计量指标及其权重

目标函数中的水资源余缺水平指标、与水相关的生态环境质量指标及社会经济水平指标在优化互动模型和生态环境承载状态评价中有所不同，是根据数据可得性及计量的逻辑性进行简化，见表 7.14～表 7.16。

表 7.14　水资源余缺水平的测度指标及权重

测度指标	权重	
	符号	数值
人均水资源量	a_1	0.55
水资源利用率	a_2	0.03
农田灌溉水有效利用系数	a_3	0.42

表 7.15　与水相关的生态环境质量的测度指标及权重

测度指标		权重	
		符号	数值
水环境	COD 入河量	c_1	0.06
	氨氮入河量	c_2	0.02
水生态	河岸带宽度	c_3	0.25
	植被覆盖率	c_4	0.20
	水面率	c_5	0.20
	建成区绿化率	c_6	0.03
	水土流失面积比	c_7	0.24

表 7.16　社会经济水平测度指标及权重

测度指标	权重	
	符号	数值
人均 GDP	b_1	0.25
可承载人口	b_2	0.18
工业用水定额	b_3	0.14
第三产业的比重	b_4	0.22
城镇化率	b_5	0.15
单方水农业 GDP	b_6	0.06

　　水资源余缺水平测度指标有 3 个，与水相关的生态环境质量测度指标有 7 个，社会经济水平测度指标有 6 个，以及它们在承载状态指数计算中的权重，分别见表 7.14～表 7.16。生态环境质量与社会经济发展水平的综合测度指数 WES（T）计算中涉及的指标及其权重取值见表 7.17。

表 7.17　综合测度指数 WES 计算中涉及的指标及其权重

测度指标	权重	
	符号	数值
水资源余缺水平指数	β_1	0.25
与水相关的生态环境质量指数	β_2	0.25
社会经济水平指数	β_3	0.5

2. 新补充的与水相关的生态环境质量指标的承载特征值

在优化互动模型的构建中，与水相关的生态环境质量指标选出了 7 个，其中 5 个 COD 入河量、氨氮入河量、植被覆盖率、水面率及水土流失面积比在与水相关的生态环境承载状态评估模型构建中已交代过。这里引入了两个新的指标，分别是河岸带宽度、建成区绿化率，这两个新补充的与水相关的生态环境质量指标的承载特征值见表 7.18，根据如下。

表 7.18　新补充的与水相关的生态环境质量指标的承载特征值

指标	不可承载状态值 A_0	可承载状态临界值 A	完全承载状态临界值 A_1
河岸带宽度/m	4	10	20
建成区绿化率/%	25	45	50

河岸带宽度：指河岸带两侧宽度之和，本书中认为河流每侧河岸带的宽度都是相同的。加拿大在五大湖区的景观规划中认为，河岸景观良好时，河长的 75% 被植被覆盖，河岸带宽度 30m，单侧宽度 15m。根据对南京河岸的调查，发现河岸多在 10～20m，结合研究区实际，设定河岸带宽度的不可承载状态值、可承载状态临界值、完全承载状态临界值分别为 4m、10m、20m。

建成区绿化率：参照郭秀锐等（2002）在《城市生态系统健康评价初探》一文，建成区绿化率等于或大于 50% 为很健康，等于或大于 45% 为健康，小于 25% 为不健康。相应地，建成区绿化率的不可承载状态值、可承载状态临界值、完全承载状态临界值分别为 25%、45%、50%。

3. 计量 WES（T）的各个指标隶属函数式中修正系数 γ 的值

计量 WET（T）的各个指标隶属函数式中修正系数 γ 的值见表 7.19。

表 7.19　各个指标隶属函数式中修正系数 γ 的值

指标	修正系数 γ	指标	修正系数 γ
人均水资源量	2	建成区绿化率	2
水土流失面积比	2	水资源利用率	2
COD 入河量	2	农田灌溉水有效利用系数	3
氨氮入河量	2	单方水农业 GDP	3
植被覆盖率	3	第三产业的比重	2
河岸带宽度	1	城镇化率	2
水面率	2	工业用水定额	2

7.3　长兴县与水相关的生态环境承载力的情景方案设计

7.3.1　长兴县的社会经济发展方案

根据《湖州统计年鉴》上的长兴县 1978~2014 年人口和 GDP 的数据，利用回归法，采用 MATLAB 编程得出其社会经济发展方案（表 7.20）。

根据《长兴县国民经济和社会发展第十三个五年规划纲要》得出 2015~2020 年的 GDP 增长率和人口增长率（表 7.20）。

表 7.20　社会经济发展方案

项目	人口增长率/%	GDP 增长率/%
回归分析	0.5	12.1
"十三五"	0.4	8.5

长兴县在 1978~2014 年人口和 GDP 都有较快的增长，到"十三五"期间速度有所减慢。这符合实际情况，研究区已从社会经济的快速增长转向稳定增长。

7.3.2　计算情景设计

按照长兴县生态环境承载力计量的方法，首先需要依据实际和未来长兴县水资源规划、社会经济发展以及生态环境变化的主要情景，分析确定长兴县的承载力计算情景方案。主要考虑的方面如下。

1. 水资源变化的情景

水资源方面主要考虑供水量的变化，根据《湖州统计年鉴》，长兴县现状供水量为 4.36 亿 m^3，2020 年供水量和 2030 年供水量采用长兴县水利综合规划给出的值。

用 L_1 表示现状条件下供水量；L_2 表示 2020 年的供水量控制线，为 5.01 亿 m^3；L_3 表示 2030 年的供水量控制线，为 5.22 亿 m^3（表 7.21）。

表 7.21　情景方案措施编码

考虑因素	调控变量	情景	基本措施及措施描述	编号
供水能力	供水总量	低	现状可供水	L_1
		中	2020 年的供水量控制线	L_2
		高	2030 年的供水量控制线	L_3

续表

考虑因素	调控变量	情景	基本措施及措施描述	编号
经济技术水平	工业用水定额 农业用水定额 第三产业的比重 城镇化率	低	维持现状	M_1
		中	调整产业结构、采用高科技、提高用水效率，中节水力度	M_2
		高	调整产业结构、采用高科技、提高用水效率，高节水力度	M_3
生态环境质量	生态环境质量测度 LI	1	LI≥0.8	N_1
		2	LI 逐渐增加	N_2

2. 社会经济发展变化的情景

社会经济方面主要考虑调整产业结构、采用高科技、提高用水效率及节水力度以及城市化引起经济技术水平变化的情景，采用用水定额、第三产业的比重、城镇化率来调控。

1）现状经济技术水平（情景 1）

用水定额、城镇化率、第三产业的比重以 2014 年的为准，用 M_1 表示。

2）中经济技术水平（情景 2）

要求到 2020 年农业用水定额（在实际计算中换算成单方水农业 GDP）降低到现状的 90%，工业综合用水定额降低到现状的 99%，第三产业的比重增加到 48%；城镇化率增加到 67%。第三产业的比重和城镇化率来自长兴"十三五"规划，用 M_2 表示。

3）高经济技水平（情景 3）

要求到 2030 年农业用水定额降低到现状的 80%，工业用水定额降低到现状的 98%。第三产业的比重增加到 62%，城镇化率达到 82%，第三产业的比重和城镇化率采用《湖州统计年鉴》长兴县 2005~2015 年线性拟合曲线推算得到，用 M_3 表示。

3. 生态环境恢复的情景

长兴县生态环境恢复程度用生态环境质量测度 LI 表示，生态环境质量测度是各个生态环境指标的综合度量，各个生态环境指标通过生态需水量联系起来。生态需水量涉及天然河流系统生态用水、城市河湖用水、城市绿化用水和山区水土保持用水四个方面。情景分析主要以生态环境质量测度作为衡量与水相关的生态环境恢复程度的度量值，其分为两种情景。

（1）生态环境质量测度 LI≥0.8，即生态环境良好的情景，用 N_1 表示。

（2）生态环境质量测度 LI 从现状值逐年增加，即生态环境逐年改善的情景，用 N_2 表示。

考虑水资源、社会经济和生态环境三方面的不同情景，并考虑时间的变化，最后设计两种计算方案（表 7.22），一种是生态环境良好时（LI≥0.8）的承载力计算与分析，在这种方案下计算 2014 年总水资源量首先满足最小生态用水量再考虑其他用水量；另一种是生态环境逐步改善时的承载力计算与分析，在这种方案下计算 2014 年总水资源量采用实际用水量，因为该方案反映的是从现状实际出发生态环境逐步改善的情况。在两种情景方案下，经济方案是一致的，即现状 2014 年为现状社会经济水平，2010 年达到中经济水平，2030 年达到高经济水平，把该经济方案称为主经济方案。

表 7.22　计算方案组合

方案代号	情景组合			分析目的
1	2014 年	2020 年	2030 年	2014 年、2020 年、2030 年不同供水量、社会经济水平下，生态环境质量测度不低于 0.8，以分析南水北调，在经济主方案下，生态环境良好时的生态环境可承载的过程变化
	L_1+M_1	L_2+M_2	L_3+M_3	
		LI≥0.8		
2	2014 年	2020 年	2030 年	2014 年、2020 年、2030 年不同供水量、社会经济水平下，生态环境质量测度逐年增加，以分析在供水量控制线约束下，在经济主方案下，生态环境逐步改善时的生态环境可承载的过程变化
	L_1+M_1	L_2+M_2	L_3+M_3	
		LI 逐渐增加		

根据现状试评价结果，发现研究区从 2014 年起算年生态环境质量测度 LI=0.82，水资源余缺水平测定为 0.83；社会经济水平测度为 0.82，可持续发展测度为 0.82。因此，计算中只按情景 2 计算生态环境逐步改善的情况。

7.3.3　长兴县生态承载力计算输入参数

长兴县生态承载力计算输入参数的来源见表 7.23，具体参数值见表 7.24。

表 7.23　长兴县生态承载力计算输入参数的来源

参数	现状	规划值（主方案）	
	2014 年	2020 年	2030 年
多年平均水资源量/亿 m³	长兴县节水型社会建设工作方案（终稿）		
总水资源量/亿 m³	《湖州统计年鉴》	长兴县节水型社会建设工作方案（终稿）	
实际供水量/亿 m³	《湖州统计年鉴》	长兴县水利综合规划	
工业用水定额/（m³/万元）	《湖州统计年鉴》、长兴县节水型社会建设工作方案（终稿）	根据实际情况微调	
城市人均生活用水定额/m³	长兴县节水型社会建设工作方案（终稿）		
农村人均生活用水定额/m³			

参数	现状	规划值（主方案）	
	2014 年	2020 年	2030 年
人均水资源量/m³	《湖州统计年鉴》、长兴县节水型社会建设工作方案（终稿）、水资源公报		
用水量/亿 m³	《湖州统计年鉴》	长兴县水利综合规划	
农田灌溉水有效利用系数	长兴县水利综合规划		
单方水农业 GDP/（元/m³）	《湖州统计年鉴》、长兴县节水型社会建设工作方案（终稿）	据湖州的发展实际确定	
人均 GDP/元	《湖州统计年鉴》、长兴县节水型社会建设工作方案（终稿）	《湖州统计年鉴》、长兴"十三五"社会经济发展规划	
第三产业的比重/%	《湖州统计年鉴》	长兴"十三五"社会经济发展规划	采用《湖州统计年鉴》2005～2015 年数据线性拟合曲线推算
城镇化率/%	《湖州统计年鉴》	长兴"十三五"社会经济发展规划	和2020年的保持一致
COD 排放量/t	《湖州统计年鉴》		
氨氮排放量/t	《湖州统计年鉴》		
污水排放量/万 t	《湖州统计年鉴》		
最小生态需水量/亿 m³	见 7.1.2 节		
最适生态需水量/亿 m³			
人均粮食占有量/kg	《湖州统计年鉴》	达到国家小康水平保障值	
建成区面积/km²	《湖州统计年鉴》	长兴"十三五"社会经济发展规划	与"十三五"规划的保持一致
长兴河湖的 COD 的纳污能力	湖州市水资源保护规划（报批稿）		
长兴河湖的 NH₃-N 的纳污能力			

表 7.24　长兴县生态承载力计算输入参数

参数	现状	规划值（主方案）	
	2014 年	2020 年	2030 年
多年平均水资源量/亿 m³	8.84	8.84	8.84
总水资源量/亿 m³	8.1147	8.84	8.84

续表

参数	现状	规划值（主方案）	
	2014 年	2020 年	2030 年
实际供水量/亿 m³	4.5974	5.01	5.22
用水量/亿 m³	4.5974	5.01	5.22
工业用水定额/（m³/万元）	31.6	31.3	31
城市人均生活用水定额/m³	62.05		54.75
农村人均生活用水定额/m³			40.15
人均水资源量/m³	1288		
水资源开发利用率/%	49.43	56.67	59.05
农田灌溉水有效利用系数	0.6	0.62	0.63
单方水农业 GDP/（元/m³）	10.48	11.65	14.56
人均 GDP/元	69611	113568.15	
第三产业的比重/%	40.3	48	62
城镇化率/%	58.5	67	
COD 排放量/t	6751		
氨氮排放量/t			1187
污水排放量/万 t	4557.214		
最小生态需水量/亿 m³		4.59	
最适生态需水量/亿 m³		13.56	
人均粮食占有量/kg	397.63	300	300

7.4　与水相关的生态环境承载规模预估结果及分析

2014 年作为现状年进行评估发现，生态环境质量处于良好状态，说明现状水资源配置处于良好状态。计算时分两种水资源配置情况进行计算：一种是水资源配置按 2014 年的良好状态进行计算；另一种是按水资源优化配置计算。

7.4.1 水资源配置保持现状不变（良好配置）的计算结果分析

水资源配置保持不变的情况下，可持续发展方式（图 7.6 和图 7.7）下，长兴县与水相关的生态环境承载力计算结果如下。

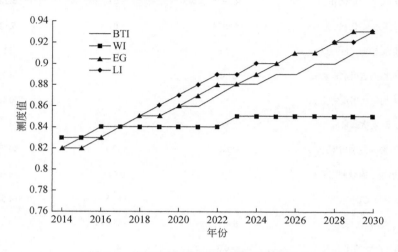

图 7.6　按现状四水配置下各测度值的变化

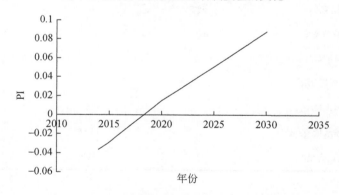

图 7.7　按现状四水配置下可承载人口指数 PI 的变化

（1）可承载人口指数 PI 每年都大于-0.05，但是现状年 2014 年人均 GDP 小于实际值（表 7.25）。

（2）到 2020 年可承载人口是 70.24 万人，GDP 是 5105656 万元，人均 GDP 是 72693 元（表 7.25）。相应地，达到这种承载规模，四水配置中农业用水量是 35571 万 m³，工业用水量 7014 万 m³，生活用水量 3507 万 m³，生态用水量 4008 万 m³（表 7.26）。工业用水配置中火核电业用水量 2449.99 万 m³，高用水工业用水量 2520.13 万 m³，一般工业用水量 2043.88 万 m³（表 7.27）。农业用水配置中农田灌溉用水量 27033.96 万 m³，林牧渔畜用水量 8537.04 万 m³，农田灌溉耗水量 16761.06 万 m³（表 7.28）。生态环境指标分别是 COD 入河量 3529.36t/a，氨氮入河量 413.64t/a，植被覆盖率 53.00%，河岸带宽度达到 16m（每侧 8m），水面率 6.20%，建成区绿化率 47.00%，水土流失面积比 5.40%（表 7.29）。

（3）到 2030 年，可承载人口是 73.18 万人，GDP 是 7623795 万元，人均 GDP 是 104179 元（表 7.25）。相应地，要达到这种承载规模，四水配置中农业用水量是 37062 万 m³，工业用水量 7308 万 m³，生活用水量 3654 万 m³，生态用水量 4176 万 m³（表 7.26）。工业用水配置中火核电业用水量 2552.68m³，高用水工业用水量 2625.76 万 m³，一般工业用水量 2129.55 万 m³（表 7.27）。农业用水配置中农田灌溉用水量 28167.12 万 m³，林牧渔畜用水量 8894.88 万 m³，农田灌溉耗水量 17745.29 万 m³（表 7.28）。生态环境指标分别是 COD 入河量 2922.34t/a，氨氮入河量 332.03t/a，植被覆盖率 56.00%，河岸带宽度是 18m（每侧 9m），水面率 7.00%，建成区绿化率 48.00%，水土流失面积比 3.00%（表 7.29）。

表 7.25　承载规模及各种测度值 1

年份	GDP/万元	人均 GDP /元	可承载人口 /万人	自然增长人口 /万人	BTI	WI	EG	LI
2014	3984767	65577	60.76	63.05	0.82	0.83	0.82	0.82
2015	4149793	67681	61.31	63.37	0.83	0.83	0.82	0.83
2016	4322749	69882	61.86	63.62	0.83	0.84	0.83	0.84
2017	4504185	72189	62.39	63.87	0.84	0.84	0.84	0.84
2018	4694699	74607	62.93	64.13	0.85	0.84	0.85	0.85
2019	4894949	77146	63.45	64.39	0.85	0.84	0.85	0.86
2020	5105656	72693	70.24	64.64	0.86	0.86	0.86	0.87
2021	5293792	75057	70.53	64.90	0.86	0.84	0.87	0.88
2022	5492857	77556	70.82	65.16	0.87	0.84	0.88	0.89
2023	5703811	80201	71.12	65.42	0.88	0.85	0.88	0.89
2024	5927732	83006	71.41	65.68	0.88	0.85	0.89	0.90
2025	6165828	85986	71.71	65.95	0.89	0.85	0.90	0.90
2026	6419466	89157	72.00	66.21	0.89	0.85	0.91	0.91
2027	6690193	92538	72.30	66.47	0.90	0.85	0.91	0.91
2028	6979768	96152	72.59	66.74	0.90	0.85	0.92	0.92
2029	7290200	100023	72.89	67.01	0.91	0.85	0.93	0.92
2030	7623795	104179	73.18	67.28	0.91	0.85	0.93	0.93

表 7.26　总供水量和四水配置 1　　　　（单位：万 m³）

年份	总供水量	农业用水量	工业用水量	生活用水量	生态用水量
2014	45974	32642	6436	3218	3678
2015	46662	33130	6533	3266	3733
2016	47349	33618	6629	3314	3788
2017	48037	34106	6725	3363	3843
2018	48725	34595	6821	3411	3898
2019	49412	35083	6918	3459	3953
2020	50100	35571	7014	3507	4008
2021	50310	35720	7043	3522	4025
2022	50520	35869	7073	3536	4042
2023	50730	36018	7102	3551	4058
2024	50940	36167	7132	3566	4075
2025	51150	36317	7161	3581	4092
2026	51360	36466	7190	3595	4109
2027	51570	36615	7220	3610	4126
2028	51780	36764	7249	3625	4142
2029	51990	36913	7279	3639	4159
2030	52200	37062	7308	3654	4176

表 7.27　工业用水配置 1　　　　（单位：万 m³）

年份	火核电业用水量	高用水工业用水量	一般工业用水量
2014	2248.22	2312.59	1875.56
2015	2281.85	2347.17	1903.61
2016	2315.48	2381.77	1931.66
2017	2349.11	2416.36	1959.72
2018	2382.73	2450.95	1987.77
2019	2416.36	2485.54	2015.83
2020	2449.99	2520.13	2043.88
2021	2460.26	2530.69	2052.45
2022	2470.53	2541.26	2061.02
2023	2480.79	2551.82	2069.58
2024	2491.07	2562.38	2078.15
2025	2501.34	2572.95	2086.72
2026	2511.61	2583.51	2095.28

续表

年份	火核电业用水量	高用水工业用水量	一般工业用水量
2027	2521.88	2594.08	2103.85
2028	2532.14	2604.63	2112.41
2029	2542.41	2615.20	2120.98
2030	2552.68	2625.76	2129.55

表 7.28　农业用水配置及农田灌溉耗水量 1　　　（单位：万 m³）

年份	农田灌溉用水量	林牧渔畜用水量	农田灌溉耗水量
2014	24807.57	7833.97	14884.54
2015	25178.64	7951.15	15191.11
2016	25549.70	8068.33	15500.15
2017	25920.77	8185.50	15811.67
2018	26291.83	8302.68	16125.66
2019	26662.90	8419.86	16442.12
2020	27033.96	8537.04	16761.06
2021	27147.28	8572.82	16858.46
2022	27260.59	8608.61	16956.09
2023	27373.91	8644.39	17053.94
2024	27487.22	8680.18	17152.03
2025	27600.54	8715.96	17250.34
2026	27713.86	8751.74	17348.87
2027	27827.17	8787.53	17447.64
2028	27940.49	8823.31	17546.63
2029	28053.80	8859.10	17645.84
2030	28167.12	8894.88	17745.29

表 7.29　生态环境指标 1

年份	COD 入河量 /（t/a）	氨氮入河量 /（t/a）	植被覆盖率 /%	河岸带宽度 /m	水面率 /%	建成区绿化率/%	水土流失面积比/%
2014	3367.74	399.72	51.30	10	6.14	45.81	5.69
2015	3418.12	405.70	51.58	11	6.15	46.01	5.64
2016	3468.49	411.68	51.87	12	6.16	46.21	5.59
2017	3518.86	417.66	52.15	13	6.17	46.41	5.55
2018	3569.24	423.64	52.43	14	6.18	46.60	5.50
2019	3619.61	429.62	52.72	15	6.19	46.80	5.45

年份	COD 入河量 /（t/a）	氨氮入河量 /（t/a）	植被覆盖率 /%	河岸带宽度 /m	水面率 /%	建成区绿化率/%	水土流失面积比/%
2020	3529.36	413.64	53.00	16	6.20	47.00	5.40
2021	3544.15	415.37	53.30	16	6.28	47.10	5.16
2022	3558.95	417.10	53.60	16	6.36	47.20	4.92
2023	3573.74	418.84	53.90	17	6.44	47.30	4.68
2024	3588.54	420.57	54.20	17	6.52	47.40	4.44
2025	3603.33	422.30	54.50	17	6.60	47.50	4.20
2026	3618.12	424.04	54.80	17	6.68	47.60	3.96
2027	3632.92	425.77	55.10	17	6.76	47.70	3.72
2028	3647.71	427.51	55.40	18	6.84	47.80	3.48
2029	3662.50	429.24	55.70	18	6.92	47.90	3.24
2030	2922.34	332.03	56.00	18	7.00	48.00	3.00

7.4.2　水资源优化配置情景下的计算结果分析

水资源最优配置情况下，可持续发展方式（图 7.8）下，长兴县与水相关的生态环境承载力计算结果如下。

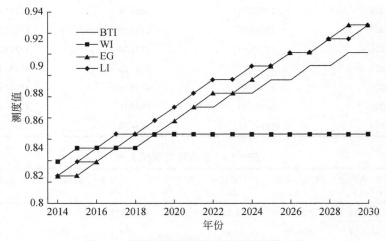

图 7.8　按四水最优配置下各测度值的变化

（1）到 2017 年，生态环境系统对社会经济系统可承载（表 7.30，图 7.9）。到 2020 年可持续发展测度可达到 0.86，水资源余缺水平测度可达到 0.85，社会经济发展测度可达到 0.86，生态环境测度可达到 0.87；到 2030 年可持续发展测度可达到 0.91，水资源余缺水平测度可达到 0.85，社会经济发展测度可达到 0.93，生态环境测度可达到 0.93。在最优水资源配置方式下，水资源余缺水平在 2019 年后会保持不变。

（2）到 2020 年可承载人口是 63.27 万人，GDP 是 5225305 万元，人均 GDP 是 82587 元（表 7.30）。相应地，达到这种承载规模，四水配置中农业用水量 35416 万 m^3，工业用水量 7214 万 m^3，生活用水量 3382 万 m^3，生态用水量 4088 万 m^3（表 7.31）。工业用水配置中火核电业用水量 2519.99 万 m^3，高用水工业用水量 2592.13 万 m^3，一般工业用水量 2102.28 万 m^3（表 7.32）。农业用水配置中农田灌溉用水量 26915.92 万 m^3，林牧渔畜用水量 8499.77 万 m^3，农田灌溉耗水量 16687.87 万 m^3（表 7.33）。生态环境指标分别是 COD 入河量 3538t/a，氨氮入河量 411t/a，植被覆盖率 53.00%，河岸带宽度达到 16m（每侧 8m），水面率 6.20%，建成区绿化率 47.00%，水土流失面积比 5.40%（表 7.34）。

（3）到 2030 年，可承载人口是 72.34 万人，GDP 是 7761688 万元，人均 GDP 是 107290 元（表 7.30）。相应地，要达到这种经济规模，四水配置中农业用水量是 36613 万 m^3，工业用水量 7491 万 m^3，生活用水量 3612 万 m^3，生态用水量 4484 万 m^3（表 7.31）。工业用水配置中火核电业用水量 2616.50m^3，高用水工业用水量 2691.41 万 m^3，一般工业用水量 2182.79 万 m^3（表 7.32）。农业用水配置中农田灌溉用水量 27825.94 万 m^3，林牧渔畜用水量 8787.14 万 m^3，其中农田灌溉耗水量 17530.34 万 m^3（表 7.33）。生态环境指标分别是 COD 入河量 2920t/a，氨氮入河量 329t/a，植被覆盖率 56.00%，河岸带宽度是 18.00m（每侧 9m），水面率 7.00%，建成区绿化率 48.00%，水土流失面积比 3.00%（表 7.34）。

（4）水资源最优配置下，四水配置会发生变化（表 7.35）。

农业用水量占总供水量的比例先减小再增大，工业用水量的比例逐渐减小，生活用水量的比例先略有减小再增大，生态用水量的比例先增大再减小。

表 7.30　承载规模及各种测度值 2

年份	GDP/万元	人均 GDP /元	可承载人口 /万人	自然增长人口 /万人	BTI	WI	EG	LI
2014	4079744	69627	58.59	63.05	0.82	0.83	0.82	0.82
2015	4248420	71579	59.35	63.37	0.83	0.84	0.82	0.83
2016	4425196	73608	60.12	63.62	0.83	0.84	0.83	0.84
2017	4610630	75717	60.89	63.87	0.84	0.84	0.84	0.85
2018	4805334	77912	61.68	64.13	0.85	0.84	0.85	0.85
2019	5009981	80200	62.47	64.39	0.85	0.85	0.85	0.86
2020	5225305	82587	63.27	64.64	0.86	0.85	0.86	0.87

续表

年份	GDP/万元	人均GDP/元	可承载人口/万人	自然增长人口/万人	BTI	WI	EG	LI
2021	5399812	84681	63.77	64.90	0.87	0.85	0.87	0.88
2022	5602171	86910	64.46	65.16	0.87	0.85	0.88	0.89
2023	5816612	89263	65.16	65.42	0.88	0.85	0.88	0.89
2024	6044228	91754	65.87	65.68	0.88	0.85	0.89	0.90
2025	6286249	94394	66.60	65.95	0.89	0.85	0.90	0.90
2026	6538384	94447	69.23	66.21	0.89	0.85	0.91	0.91
2027	6813384	97347	69.99	66.47	0.90	0.85	0.91	0.91
2028	7107524	100440	70.76	66.74	0.90	0.85	0.92	0.92
2029	7422845	103746	71.55	67.01	0.91	0.85	0.93	0.92
2030	7761688	107290	72.34	67.28	0.91	0.85	0.93	0.93

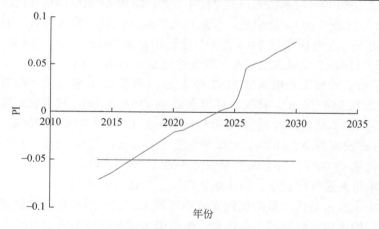

图 7.9　按四水最优配置下可承载人口指数 PI 的变化

表 7.31　总供水量和四水配置 2　　　（单位：万 m³）

年份	总供水量	农业用水量	工业用水量	生活用水量	生态用水量
2014	45974	32499	6620	3103	3751
2015	46662	32985	6719	3150	3808
2016	47349	33471	6818	3196	3864
2017	48037	33957	6917	3242	3920
2018	48725	34443	7016	3289	3976
2019	49412	34930	7115	3335	4032
2020	50100	35416	7214	3382	4088

续表

年份	总供水量	农业用水量	工业用水量	生活用水量	生态用水量
2021	50310	35227	7230	3386	4473
2022	50520	35374	7260	3400	4491
2023	50730	35521	7290	3414	4510
2024	50940	35668	7320	3428	4529
2025	51150	35815	7350	3442	4547
2026	51360	36024	7370	3554	4412
2027	51570	36171	7400	3569	4430
2028	51780	36318	7430	3583	4448
2029	51990	36466	7461	3598	4466
2030	52200	36613	7491	3612	4484

注：生态用水中包括城市公共用水。

表 7.32 工业用水配置 2　　　　　　　　　　（单位：万 m³）

年份	火核电业用水量	高用水工业用水量	一般工业用水量
2014	2312.46	2378.66	1929.14
2015	2347.04	2414.24	1958.00
2016	2381.63	2449.82	1986.85
2017	2416.22	2485.39	2015.71
2018	2450.81	2520.97	2044.56
2019	2485.40	2556.56	2073.42
2020	2519.99	2592.13	2102.28
2021	2525.28	2597.58	2106.69
2022	2535.82	2608.42	2115.49
2023	2546.36	2619.26	2124.27
2024	2556.90	2630.10	2133.07
2025	2567.45	2640.95	2141.87
2026	2574.40	2648.10	2147.66
2027	2584.92	2658.93	2156.45
2028	2595.45	2669.75	2165.23
2029	2605.98	2680.58	2174.01
2030	2616.50	2691.41	2182.79

表 7.33　农业用水配置及农田灌溉耗水量 2　　（单位：万 m³）

年份	农田灌溉用水量	林牧渔畜用水量	农田灌溉耗水量
2014	24699.26	7799.76	14819.55
2015	25068.70	7916.43	15124.78
2016	25438.15	8033.10	15432.47
2017	25807.59	8149.77	15742.63
2018	26177.03	8266.43	16055.25
2019	26546.48	8383.10	16370.33
2020	26915.92	8499.77	16687.87
2021	26772.57	8454.49	16625.76
2022	26884.32	8489.78	16722.05
2023	26996.07	8525.08	16818.55
2024	27107.82	8560.37	16915.28
2025	27219.57	8595.66	17012.23
2026	27378.17	8645.74	17138.73
2027	27490.11	8681.09	17236.30
2028	27602.05	8716.44	17334.09
2029	27714.00	8751.79	17432.10
2030	27825.94	8787.14	17530.34

表 7.34　生态环境指标 2

年份	COD 入河量 /（t/a)	氨氮入河量 /（t/a)	植被覆盖率/%	河岸带宽度/m	水面率/%	建成区绿化率/%	水土流失面积比/%
2014	3375	396	51.30	10.00	6.14	45.81	5.69
2015	3426	402	51.58	11.00	6.15	46.01	5.64
2016	3476	408	51.87	12.00	6.16	46.21	5.59
2017	3527	414	52.15	13.00	6.17	46.41	5.55
2018	3577	420	52.43	14.00	6.18	46.60	5.50
2019	3628	426	52.72	15.00	6.19	46.80	5.45
2020	3538	411	53.00	16.00	6.20	47.00	5.40
2021	3529	409	53.30	16.20	6.28	47.10	5.16
2022	3544	411	53.60	16.40	6.36	47.20	4.92
2023	3559	413	53.90	16.60	6.44	47.30	4.68
2024	3574	414	54.20	16.80	6.52	47.40	4.44
2025	3588	416	54.50	17.00	6.60	47.50	4.20
2026	3614	421	54.80	17.20	6.68	47.60	3.96
2027	3629	422	55.10	17.40	6.76	47.70	3.72
2028	3643	424	55.40	17.60	6.84	47.80	3.48

年份	COD 入河量/（t/a）	氨氮入河量/（t/a）	植被覆盖率/%	河岸带宽度/m	水面率/%	建成区绿化率/%	水土流失面积比/%
2029	3658	426	55.70	17.80	6.92	47.90	3.24
2030	2920	329	56.00	18.00	7.00	48.00	3.00

表 7.35　四水最优配置比例（%）

年份	农业用水量/总供水量	工业用水量/总供水量	生活用水量/总供水量	生态用水量/总供水量
2014	70.69	14.4	6.75	8.16
2015	70.69	14.4	6.75	8.16
2016	70.69	14.4	6.75	8.16
2017	70.69	14.4	6.75	8.16
2018	70.69	14.4	6.75	8.16
2019	70.69	14.4	6.75	8.16
2020	70.69	14.4	6.75	8.16
2021	70.02	14.37	6.73	8.89
2022	70.02	14.37	6.73	8.89
2023	70.02	14.37	6.73	8.89
2024	70.02	14.37	6.73	8.89
2025	70.02	14.37	6.73	8.89
2026	70.14	14.35	6.92	8.59
2027	70.14	14.35	6.92	8.59
2028	70.14	14.35	6.92	8.59
2029	70.14	14.35	6.92	8.59
2030	70.14	14.35	6.92	8.59

7.4.3　提出长兴县与水相关的生态环境承载力优化的对策建议

用水配置按 2014 年的良好状况进行，现状年人均 GDP 小于现状实际值。若按用水配置最优的情景计算，2017 年的生态环境系统对社会经济系统可承载，建议采用用水最优配置情景下的结果来提出如下建议。

长兴县要维持生态环境从现状良好到逐渐向优方向转变，社会经济水平逐步提高的可持续发展态势。

长兴县最适的水资源综合承载规模的发展模式如图 7.10～图 7.12 所示。

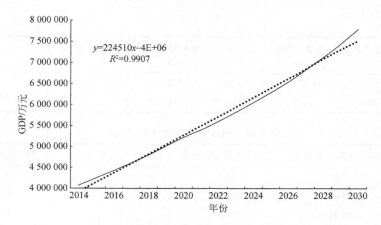

图 7.10　GDP 的变化（2014～2030 年）

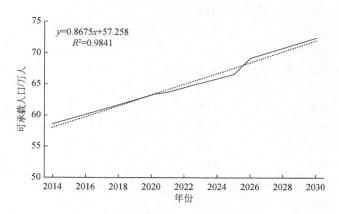

图 7.11　可承载人口的变化（2014～2030 年）

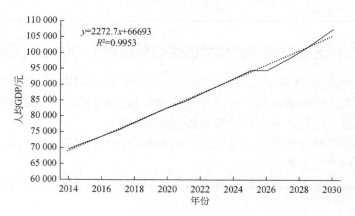

图 7.12　人均 GDP 的变化（2014～2030 年）

四水配置方案:农业、工业、生活、生态四水最优配置是 2018～2020 年 70.69%、14.40%、6.75%、8.16%;2021～2025 年 70.02%、14.37%、6.73%、8.89%;2025～2030 年 70.14%、14.35%、6.92%、8.59%。

城市公共用水和生态补水量的模式如图 7.13 所示。

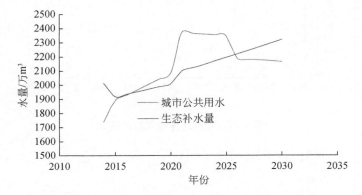

图 7.13　城市公共用水和生态补水量的年变化(2014～2030 年)

通过生态及时补水后,各个生态指标的变化模式如图 7.14～图 7.18 所示。通过及时污水处理后,各个环境指标的变化模式如图 7.19 所示。

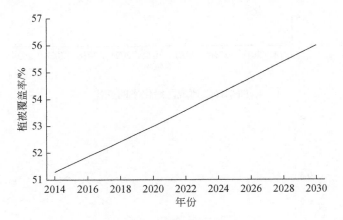

图 7.14　植被覆盖率的变化

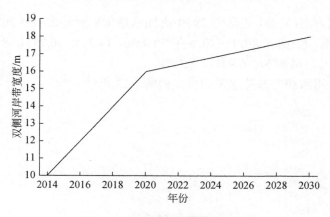

图 7.15 双侧河岸带宽度的变化

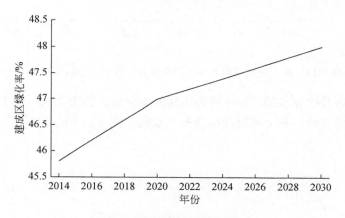

图 7.16 建成区绿化率的变化

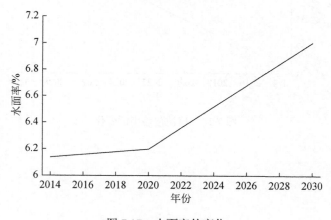

图 7.17 水面率的变化

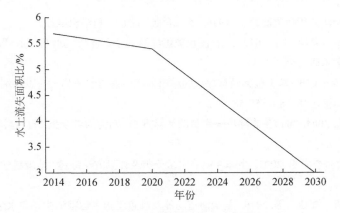

图 7.18　水土流失面积比的变化

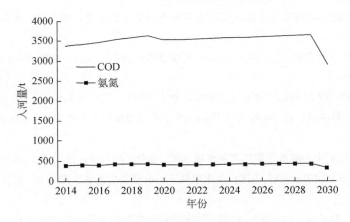

图 7.19　COD 和氨氮入河量的变化

参 考 文 献

陈浩，郝芳华，欧阳威，等. 2007. 成都平原毗河下游生态环境需水量研究. 长江流域资源与环境，（165）：644-649.

陈积敏，温作民. 2013. 城市生态环境用水量的测算与调整. 南京林业大学学报（自然科学版），37（2）：123-128.

崔树彬. 2001. 关于生态环境需水量若干问题的探讨. 中国水利，8：71-75.

董治宝，陈渭南，董光荣，等. 1996. 植被对风沙土风蚀作用的影响. 环境科学学报，16（4）：437-443.

郭秀锐，杨居荣，毛显强. 2002. 城市生态系统健康评价初探. 中国环境科学，22（6）：525-529.

胡习英，陈南祥. 2006. 城市生态环境需水量计算方法与应用. 人民黄河，28（2）：48-50.

湖北省水生生物研究所鱼类研究室. 1976. 长江鱼类. 北京：科学出版社.

黄亮亮，李建华，蒋科，等. 2012. 东苕溪鱼类组成及其分布特征. 武汉：湘、鄂、赣、粤、桂五省动物学学术研讨会.

黄奕龙，张利萍. 2016. 基于鱼类栖息地法的城市河流生态需水评估——以深圳市观澜河为例. 环境污染与防治，38（8）：55-58.

姜翠玲，范晓秋. 2004. 城市生态环境需水量的计算方法. 河海大学学报（自然科学版），32（1）：14-17.

姜德娟，王会肖，李丽娟. 2003. 生态环境需水量分类及计算方法综述. 地理科学进展，22（4）：369-378.

李抒苡，周思斯，郑钰，等. 2016. 基于河道功能及满意度的老运粮河生态需水量研究. 水资源与水工程学报，27（5）：32-36.

林超，何杉. 2003. 海河流域生态现状用水量调查和生态需水量计算方法. 水利规划与设计，（2）：11-18.

刘光莲，张克峰，杜贞栋，等. 2010. 河口景观生态湿地需水量探讨. 水生态学杂志，03（5）：100-103.

刘静玲，杨志峰. 2002. 湖泊生态环境需水量计算方法研究. 自然资源学报，17（5）：604-609.

刘鑫，雷宏军，晏清洪，等. 2008. 基于生态需水量的城市水生态足迹研究. 人民黄河，30（6）：41-43.

刘正伟. 2011. 昆明中心城市河道生态需水量浅析. 水电能源科学，29（5）：26-29.

卢红伟，李嘉，李永. 2013. 中型山区河流水电站下游的鱼类生态需水量计算. 水利学报，44（5）：505-513.

倪晋仁，金玲，赵业安，等. 2002. 黄河下游河流最小生态环境需水量初步研究. 水利学报，33（10）：1-7.

倪勇，朱成德. 2005. 太湖鱼类志. 上海：上海科学技术出版社.

彭虹，郭生练，倪雅茜. 2002. 汉江中下游河道生态环境需水量研究//中国水利协会. 中国水利学会 2002 学术年会论文集. 武汉：中国三峡出版社：65-68.

乔光建，高守忠，赵永旗. 2002. 邢台市生态环境需水量分析. 南水北调与水利科技，23（6）：27-32.

阮晓波，陆宝宏，徐玲玲，等. 2012. 天长市生态需水变化特征与预测. 水电能源科学，30（10）：20-22.

石维，侯思琰，崔文彦，等. 2010. 基于河流生态类型划分的海河流域平原河流生态需水量计算. 农业环境科学学报，29（10）：1892-1899.

孙涛，杨志峰. 2005a. 河口生态环境需水量计算方法研究. 环境科学学报，25（5）：573-579.

孙涛，杨志峰. 2005b. 基于生态目标的河道生态环境需水量计算. 环境科学，26（5）：43-48.

谭雪梅. 2007. 城市河流生态环境需水量的计算方法//中国环境科学学会. 2007中国环境科学学会学术年会优秀论文集（上卷）. 北京: 中国环境科学出版社.

田英, 杨志峰, 刘静玲, 等. 2003. 城市生态环境需水量研究. 环境科学学报, 23（1）: 100-106.

王德平, 岳志春, 郭北玲, 等. 2010. 基于人体舒适度的城市绿地面积的确定. 安徽农业科学, 38（10）: 5445-5447.

王菊翠, 丁华, 胡安焱. 2008. 陕西关中地区生态需水量的初步估算. 干旱区研究, 25（1）: 22-27.

王沛芳, 王超, 李智勇. 2004. 山区城市河流生态环境需水量计算模式及其应用. 河海大学学报自然科学版, 32（5）: 500-503.

王强, 叶维丽, 刘雅玲, 等. 2015. 中国北方城市内河水资源综合利用与调配方案研究——以胶州市城市内河为例. 环境污染与防治, 37（6）: 96-100.

王庆国, 李嘉, 李克峰, 等. 2009. 河流生态需水量计算的湿周法拐点斜率取值的改进. 水力学报, 5: 550-563.

王效科, 赵同谦, 欧阳志云, 等. 2004. 乌梁素海保护的生态需水量评估. 生态学报, 24（10）: 2124-2129.

王岳川, 龙腾锐, 姜文超, 等. 2007. 桂林市桃花江流域生态环境需水量的初步研究. 土木建筑与环境工程, 29（3）: 102-105.

魏彦昌, 苗鸿, 欧阳志云, 等. 2004. 海河流域生态需水核算. 生态学报, 24（10）: 2100-2107.

肖芳, 刘静玲, 杨志峰. 2004. 城市湖泊生态环境需水量计算——以北京市六海为例. 水科学进展, 15（6）: 781-786.

谢永宏, 李峰, 陈心胜. 2012. 洞庭湖最小生态需水量研究. 长江流域资源与环境, 21（1）: 64-70.

徐星星. 2012. 城市河流生态需水量研究. 科技创新导报, 34: 140-141.

徐志侠. 2005. 河道与湖泊生态需水研究. 河海大学博士学位论文.

杨沛, 毛小苓, 李天宏. 2010. 快速城市化地区生态需水与土地利用结构关系研究. 北京大学学报（自然科学版）, 46（2）: 298-306.

杨艳霞. 2005. 海河流域生态修复需水量的思考. 水利规划与设计,（2）: 40-43.

杨志峰, 尹民, 崔保山. 2005. 城市生态环境需水量研究——理论与方法. 生态学报, 25（3）: 389-396.

尹民, 崔保山, 杨志峰. 2005. 黄河流域城市生态环境需水量案例研究. 生态学报, 25（3）: 397-403.

于晓, 陈稚聪. 2007. 城市生态环境需水量研究. 中国农村水利水电,（6）: 4-7.

曾维华, 宋其龙, 陈荣昌. 2004. 城市河道生态环境需水研究——以湖南省常德市穿紫河为例. 生态环境学报, 13（4）: 528-531.

张强, 崔瑛, 陈永勤. 2010. 基于水文学方法的珠江流域生态流量研究. 生态环境学报, 19（8）: 1828-1837.

张绪良，付炳中，陈东景. 2008. 青岛市生态环境需水量研究. 节水灌溉，（11）：1-6.

浙江省城市规划设计院. 1998. 城市给水工程规划规范（GB50282—98）. http://www. soujianzhu. cn/Norm/JzzyXq. aspx?id=59.

朱婧，王利民，贾凤霞，等. 2007. 我国华北地区湿地生态需水量研究探讨与应用实例. 环境工程学报，1（11）：112-118.

朱丽，查良松，陈旺亮. 2009. 城市化进程中合肥市生态环境需水量计算. 人民长江，40（1）：39-41.

Du J，Xu L，Wang S，et al. 2011. Simulation of urban ecological water demand using multi-objective system dynamic model. International Journal of Chemical Engineering and Applications，2：143-146.

Jia H，Ma H，Wei M. 2011. Calculation of the minimum ecological water requirement of an urban river system and its deployment：a case study in beijing central region. Ecological Modelling，222（17）：3271-3276.

Nilsalab P，Gheewala S H，Silalertruksa T. 2016. Methodology development for including environmental water requirement in the water stress index considering the case of thailand. Journal of Cleaner Production，167：1-7.

Orth D J，Maughan O E. 1981. Evaluation of the "Montana Method" for recommending instream flows in Oklahoma Streams. Oklahoma Academy of Science，61：62-66.

Sajedipour S，Zarei H，Oryan S. 2017. Estimation of environmental water requirements via an ecological approach：a case study of bakhtegan Lake，Iran. Ecological Engineering，100：246-255.

第8章 长兴县与水相关的生态环境 承载力预警机制研究

长兴县与水相关的生态环境承载力预警机制研究是在第 6 章长兴县与水相关的生态环境承载状态试评价和第 7 章长兴县与水相关的生态环境承载力的预估调控研究的基础上进行的。通过第 6 章和第 7 章需要回答以下相关问题。

（1）2015 年及以后年份的承载规模；

（2）承载状态的表征变量（参数）为水资源指标（人均水资源量、水资源开发利用率、农田灌溉水有效利用系数）、与水相关的环境指标（COD 入河量、氨氮入河量、河岸带宽度、水面率、植被覆盖率、建成区绿化率、水土流失面积比）、社会经济水平指标（人均 GDP、可承载人口、工业用水定额、第三产业的比重、城镇化率、单方水农业 GDP）；

（3）承载规模的直接表征变量为四水配置；

（4）承载力起算年为 2014 年，预警年为 2015～2035 年。

8.1 基于敏感性分析确定承载力约束 下的关键指标及其预警阈值

8.1.1 敏感性分析的方法

1. 敏感度系数法（王友贞等，2005）

敏感性分析的做法，一般是改变一种或多种不确定因素，计算其对综合指标的影响，通过计算敏感度系数，估计综合指标对它们的敏感程度，进而确定关键的敏感因素。敏感性分析包括单因素敏感性分析和多因素敏感性分析，通常将敏感性分析的结果汇总于敏感性分析表，也可通过绘制敏感性分析图显示各种因素的敏感程度。

层次分析法综合计算模型如下：

$$S = \sum_{i=1}^{n} \varpi_i X_i \tag{8.1}$$

对式（8.1）等号两端求导：

$$dS = \varpi_i dX_i = \varpi_i df(x_i) = \varpi_i f'(x_i)dx_i \tag{8.2}$$

$$\frac{dS}{S} \bigg/ \frac{dx_i}{x_i} = \varpi \frac{f'(x_i)x_i}{\sum_{i=1}^{n} \varpi_i X_i} \tag{8.3}$$

$$\frac{dS}{S} \bigg/ \frac{dx_i}{x_i} = KM_i \tag{8.4}$$

$$KM_i = \varpi \frac{f'(x_i)x_i}{S} \tag{8.5}$$

式中，KM_i 为指标的敏感度系数；S 为综合评价指标；$f(x_i)$、$f'(x_i)$ 分别为指标 X_i 的影响函数及其导数；ϖ 为权重值。

2. Extend FAST 全局敏感性分析方法（任启伟等，2010；肖艳芳，2013）

敏感性分析可分为局部敏感性分析和全局敏感性分析两类。局部敏感性分析操作简单，但缺乏对模型参数之间相互作用也会影响模拟结果的考虑，局部敏感性分析结果具有一定的片面性，而全局敏感性分析在整个参数空间内进行，分析单个参数对模型输出结果影响的同时还考虑参数间相互作用对输出结果的影响。

Extend FAST 方法是 Saltelli 等结合 Sobol 法和傅里叶振幅敏感性检验法（Fourier amplitude sensitivity test，FAST）的优点所提出的全局敏感性分析方法。该方法将参数的敏感性概括为单个输入参数的敏感性，称为主敏感度或一阶敏感度，其和单个参数以及其他参数与其相互作用的总敏感性，称为总敏感度。

假设一个有 n 个输入参数的模型 $y = f(x_1, x_2, \cdots, x_n)$，输入参数的取值范围限制在一个 n 维立方体内，定义一个独立变量 s，并引入模型参数中：

$$x_i = G_i(s) \quad i = 1, 2, \cdots, n \tag{8.6}$$

G_i 为搜索曲线函数，当 s 变化时，所有参数在 n 维空间中沿着这一曲线变化。假设模型参数 x_i 的振荡频率为 w_i，参数对输出结果的影响越大，输出频率 w_i 处的振幅就越大。通过傅里叶变换，计算频率 w_i 及其更高谐振 pw_i 的振幅大小，就可以得到第 i 个参数变化引起的模型输出方差：

$$D_i = \sum_{P \in Z^0} \Lambda_{pw_i} \tag{8.7}$$

式中，Λ 为傅里叶变换的谱；Z^0 为除零以外的所有整数。

模型的总方差可由所有频率的谱求和得到：

$$D = \sum_{j \in Z^0} \Lambda_{ji} \tag{8.8}$$

参数 x_i 对模型输出 y 的敏感度 S_i^{FAST} 为

$$S_i^{\text{FAST}} = \frac{D_i}{D} \tag{8.9}$$

Saltelli 将 Sobol 方法引入 FAST 方法。Sobol 方法认为模型可分解为单个参数及组合参数的函数，模型总的输出方差也可以分解为单个参数和组合参数相互作用引起的模型输出方差：

$$D = \sum_{i=1}^{n} D_i + \sum_{i=1}^{n} \sum_{\substack{j=1 \\ i \neq j}}^{n} D_{ij} + \cdots + D_{1,2,\cdots,n} \tag{8.10}$$

某个参数 x_i 的敏感度也可分解为

$$S_i = \frac{D_i}{D} + \frac{D_{ij}}{D} + \cdots + \frac{D_{1,2,\cdots,n}}{D} \tag{8.11}$$

Extend FAST 方法对参数频率 w_i 的设置进行了改进。求参数 x_i 的总敏感度时，x_i 的频率设定为 w_i，而其余参数的频率设定为 w_i'。计算频率 w_i' 及更高谐振 pw_i' 的谱，就可以得到除参数 x_i 外的所有参数及其相互关系的影响引起的模型输出方差 $D_{(-i)}$，则参数 x_i 的总敏感度为

$$S_{Ti} = \frac{D - D_{(-i)}}{D} \tag{8.12}$$

x_i 的主要敏感度则可通过计算频率 w_i 及更高谐振 pw_i' 的谱得到。

3. 单一参数灵敏度分析方法 —— 我们采用的方法（郝静等，2013）

采用单一参数灵敏度分析方法进行敏感性分析时，在保持其他参数值不变的情况下，每次只改变一个参数的取值，计算公式如下：

$$S_{x_i} = \frac{\partial F(x_1, x_2, \cdots, x_n)}{\partial x_i} \tag{8.13}$$

式中，S_{x_i} 为参数 x_i 对函数 $F(x_1, x_2, \cdots, x_n)$ 的灵敏度。

8.1.2　四水配置对承载规模的敏感性分析

农业、工业、生活、生态用水的现状（2014 年）的配置是 0.71、0.14、0.07、0.08。在此基础上，以 0.02 的公差分别进行递增递减，根据农业用水占总用水的比值得到 0.67、0.69、0.71、0.73、0.75 五个等级，根据工业用水占总用水的比值

得到 0.10、0.12、0.14、0.16、0.18 五个等级，根据生活用水占总用水的比值得到 0.03、0.05、0.07、0.09、0.11 五个等级，生态用水占总用水的比值利用 1 减去农业用水、工业用水、生活用水三者的占比得到（即生态用水=总水-农业用水-工业用水-生活用水），以上情形去除 4 种生态用水占比为负值的情形共组合得到 121 种情形。

通过分析，找出对承载规模（人均 GDP、可承载人口）敏感的四水配置情形，并分析得出对承载规模敏感的四水配置阈值。

1. 四水配置对人均 GDP 的敏感性

分别计算 121 种情形对应的 2035 年人均 GDP（图 8.1），从中选出人均 GDP 较低的 3 种情形。然后计算这三种情形下的四水配置，见表 8.1。从表 8.1 可以看出，工业用水及生活用水占比对于人均 GDP 敏感，当工业用水过低且生活用水过高时，人均 GDP 的值会偏低，故工业用水的比例不能低于 0.10，生活用水的比值不能高于 0.11，生态用水的取值范围为 0.08～0.12，农业用水的取值范围为 0.67～0.71。

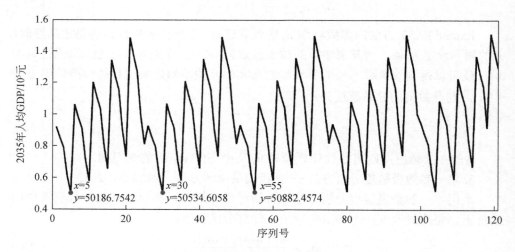

图 8.1　121 种情形对应的 2035 年人均 GDP

表 8.1　人均 GDP 较低的 3 种情形下的四水配置

序列号	农业	工业	生活	生态
5	0.67	0.10	0.11	0.12
30	0.69	0.10	0.11	0.10
55	0.71	0.10	0.11	0.08

2. 四水配置对可承载人口的敏感性

分别计算 121 种情形下 2035 年对应的可承载人口（图 8.2），选出可承载人口较低的 25 种情形，然后计算这 25 种情形下的四水配置，见表 8.2。从表 8.2 可看出，生活用水配置对于可承载人口较敏感，当生活用水的占比等于 0.06 时，可承载人口的值会偏低，故生活用水的比值不能低于 0.06。

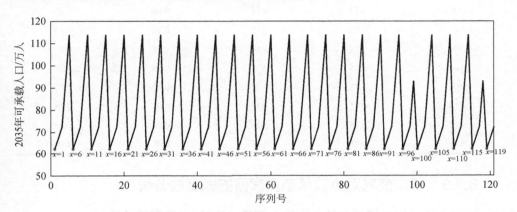

图 8.2　121 种情形对应的 2035 年可承载人口

图中标注出的序号对应的可承载人口为 62.18 万人

表 8.2　可承载人口较低的 25 种情形下的四水配置

序列号	农业	工业	生活	生态
1	0.67	0.1	0.06	0.17
6	0.67	0.12	0.06	0.15
11	0.67	0.14	0.06	0.13
16	0.67	0.16	0.06	0.11
21	0.67	0.18	0.06	0.09
26	0.69	0.1	0.06	0.15
31	0.69	0.12	0.06	0.13
36	0.69	0.14	0.06	0.11
41	0.69	0.16	0.06	0.09
46	0.69	0.18	0.06	0.07
51	0.71	0.1	0.06	0.13
56	0.71	0.12	0.06	0.11
61	0.71	0.14	0.06	0.09
66	0.71	0.16	0.06	0.07

续表

序列号	农业	工业	生活	生态
71	0.71	0.18	0.06	0.05
76	0.73	0.1	0.06	0.11
81	0.73	0.12	0.06	0.09
86	0.73	0.14	0.06	0.07
91	0.73	0.16	0.06	0.05
96	0.73	0.18	0.06	0.03
100	0.75	0.1	0.06	0.09
105	0.75	0.12	0.06	0.07
110	0.75	0.14	0.06	0.05
115	0.75	0.16	0.06	0.03
119	0.75	0.18	0.06	0.01

8.1.3 状态变量对承载状态测度值的敏感性分析

1. 状态变量对水资源余缺水平综合测度（WI）的敏感性分析

计量水资源余缺水平的状态变量（参数）为人均水资源量（X_1）、水资源利用率（X_2）、农田灌溉水有效利用系数（X_3）。采用斜率法对敏感参数进行筛选，具体的做法是，将测试变量分别以 10%和 20%递增递减生成五组数据，保持其他变量值不变，绘制这五组数据对应的 WI 值图，通过斜率大小判断参数的敏感性（下同）。

通过图 8.3 可以看出，图 8.3（a）和图 8.3（b）的斜率为 0，说明人均水资源量（X_1）、水资源利用率（X_2）为不敏感参数，农田灌溉水有效利用系数（X_3）为敏感参数。

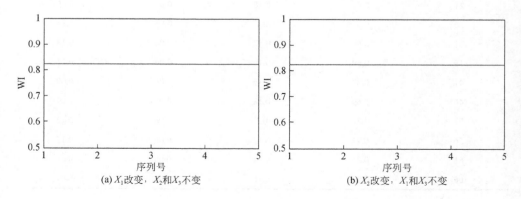
(a) X_1改变，X_2和X_3不变　　　　　　(b) X_2改变，X_1和X_3不变

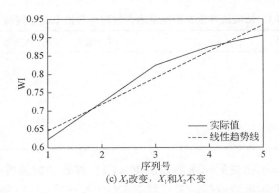

(c) X_3改变，X_1和X_2不变

图 8.3　对影响水资源余缺水平（WI）的参数进行分析

利用试值法寻找 WI 为 0.8 时对应的农田灌溉水有效利用系数的阈值。已知农田灌溉水有效利用系数为 0.6 时对应的 WI 值为 0.82 ［图 8.3（c）］，且农田灌溉水有效利用系数为正向指标（指标越大越好），所以在 0.6 的基础上逐渐减小数值去寻找阈值，第一次以步长 0.01 减小，发现 0.59 对应的 WI 值大于 0.8，但与 0.8 相差不大，所以缩小步长继续搜寻，经过多次搜寻，最终找出农田灌溉水有效利用系数的最小值为 0.586（图 8.4），因中间搜寻次数较多，为了方便简化，作图时只保留 WI 为 0.8 时对应的农田灌溉水有效利用系数的值，即 0.586（表 8.3）。因此，长兴县的农田灌溉水有效利用系数的阈值区间不能小于 0.586。

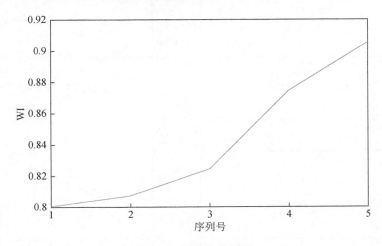

图 8.4　确定 X_3 的阈值

表 8.3 试值法寻找农田灌溉水有效利用系数（X_3）阈值

序列号	农田灌溉水有效利用系数（X_3）
1	0.586
2	0.59
3	0.6
4	0.66
5	0.72

2. 状态变量对与水相关的环境质量测度（LI）参数的敏感性分析

与水相关的环境质量测度的计量变量有 COD 入河量（X_4）、氨氮入河量（X_5）、植被覆盖率（X_6）、河岸带宽度（X_7）、水面率（X_8）、建成区绿化率（X_9）、水土流失面积比（X_{10}）。通过上述方法对敏感性参数进行筛选。

通过图 8.5 可以看出，图 8.5（c）和 8.5（e）的斜率为 0，说明植被覆盖率（X_6）、水面率（X_8）为不敏感参数，COD 入河量（X_4）、氨氮入河量（X_5）、河岸带宽度（X_7）、建成区绿化率（X_9）、水土流失面积比（X_{10}）为敏感参数。

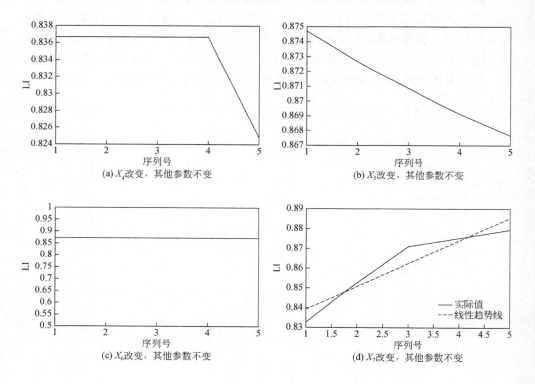

(a) X_4 改变，其他参数不变　　　　　　(b) X_5 改变，其他参数不变

(c) X_6 改变，其他参数不变　　　　　　(d) X_7 改变，其他参数不变

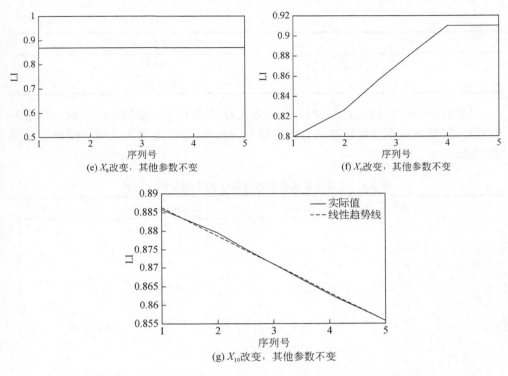

(e) X_8 改变，其他参数不变　　　　　(f) X_9 改变，其他参数不变

(g) X_{10} 改变，其他参数不变

图 8.5　状态变量对与水相关的环境质量测度（LI）参数的敏感性

利用试值法寻找 LI 为 0.8 时对应的 COD 入河量的阈值，现状值 3367t/a 对应的 LI 值为 0.8367（＞0.8），而 COD 入河量为负向指标（越小越好），所以在现状值基础上，以 10%，20%，30%，…增加搜索步长，经过多次搜寻，发现 COD 入河量的阈值上边界为 5218.85t/a（表 8.4）。但 COD 入河量的可承载状态临界值为 4009t/a，考虑到生态环境要素间的补偿性，最终 COD 入河量的阈值上边界定为 4040.4t/a。

表 8.4　试值法寻找 COD 入河量（X_4）阈值的上边界

序列号	COD 入河量/（t/a）
1	2693.6
2	3030.3
3	3367
4	3703.7
5	4040.4
6	4377.1

序列号	COD 入河量/（t/a）
7	4713.8
8	5218.85

氨氮入河量为负向指标，搜寻阈值方法和 COD 入河量的方法一致，结果见表 8.5。氨氮入河量的可承载状态临界值为 268t/a，最终氨氮入河量的阈值上边界为 295t/a。

表 8.5　试值法寻找氨氮入河量（X_5）阈值的上边界

序列号	氨氮入河量/（t/a）
1	268
2	295
3	319.2
4	359.1
5	399
6	438.9
7	478.8
8	1596
9	1995
10	2394
11	3591
12	4389
13	5187
14	5985
15	6783
16	7581
17	8379
18	28329

利用试值法寻找 LI 为 0.8 时对应的河岸带宽度的阈值，现状值 10m 对应的 LI 值为 0.8708（＞0.8），而河岸带宽度为正向指标（越大越好），所以在现状值基础上以 10%，20%，…增加搜索步长，经过多次搜寻，最终找出河岸带宽度的阈值下边界为 6.5m，但最终结合河岸带宽度的临界承载特征值，并取整数，定为 8m（表 8.6）。

表 8.6　试值法寻找河岸带宽度（X_7）阈值的下边界

序列号	河岸带宽度/m
1	6.5
2	8
3	9
4	10
5	11
6	12
7	13
8	14

建成区绿化率为正向指标，确定阈值方法和河岸带宽度的相似（表 8.7）。

表 8.7　试值法寻找建成区绿化率（X_9）阈值的下边界

序列号	建成区绿化率
1	0.385
2	0.4123
3	0.4581
4	0.5039
5	0.5497

水土流失面积比为负向指标，确定阈值方法和 COD 入河量的相似（表 8.8）。

表 8.8　试值法寻找水土流失面积比（X_{10}）阈值的上边界

序列号	水土流失面积比
1	0.04552
2	0.05121
3	0.0569
4	0.06259
5	0.06828
6	0.07397
7	0.07966
8	0.08535
9	0.09104
10	0.09673
11	0.10242
12	0.09673

续表

序列号	水土流失面积比
13	0.10811
14	0.1138
15	0.13372

最终得出各敏感参数的阈值为：COD 入河量（X_4）≤4040.40t/a、氨氮入河量（X_5）≤295t/a、河岸带宽度（X_7）≥8m、建成区绿化率（X_9）≥0.385、水土流失面积比（X_{10}）≤0.05121。

通过计算图 8.6（a）～图 8.6（e）的斜率可得，X_4、X_5、X_7、X_9、X_{10} 的斜率分别为-0.0059、-0.0044、0.0011、0.0302、-0.0056，故敏感度为建成区绿化率＞COD 入河量＞水土流失面积比＞氨氮入河量＞河岸带宽度。

3. 状态变量对社会经济水平测度（EG）的敏感性分析

社会经济发展水平测度的计量变量有人均 GDP（X_{11}）、可承载人口（X_{12}）、工业用水定额（X_{13}）、第三产业的比重（X_{14}）、城镇化率（X_{15}）、单方水农业 GDP（X_{16}），通过上述方法对敏感性参数进行筛选。

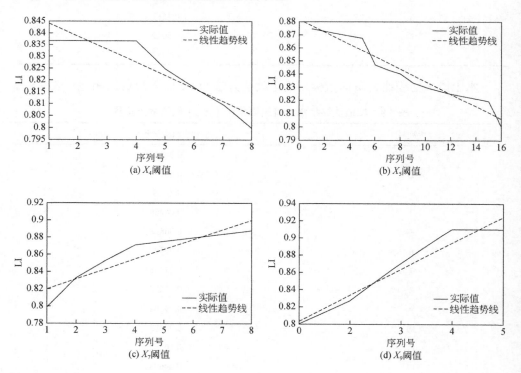

(a) X_4阈值　　　　　　　(b) X_5阈值

(c) X_7阈值　　　　　　　(d) X_9阈值

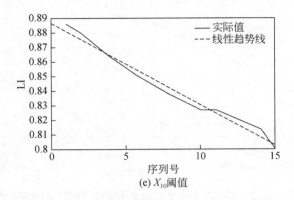

(e) X_{10}阈值

图 8.6　各敏感参数阈值的确定

通过图 8.7 可以看出，图 8.7（a）和图 8.7（d）的斜率为 0，说明人均 GDP（X_{11}）、第三产业的比重（X_{14}）为不敏感参数，可承载人口（X_{12}）、工业用水定额（X_{13}）、城镇化率（X_{15}）、单方水农业 GDP（X_{16}）为敏感参数。

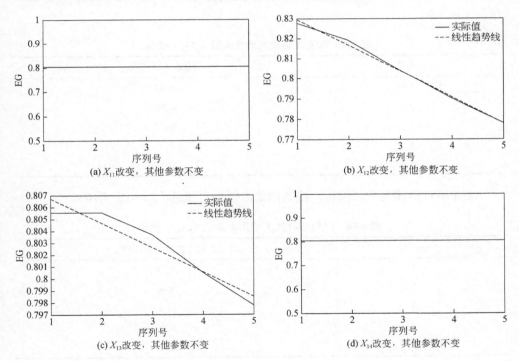

(a) X_{11}改变，其他参数不变

(b) X_{12}改变，其他参数不变

(c) X_{13}改变，其他参数不变

(d) X_{14}改变，其他参数不变

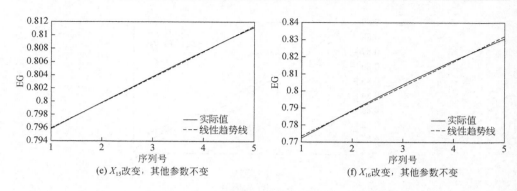

(e) X_{15}改变，其他参数不变　　　　　　(f) X_{16}改变，其他参数不变

图 8.7　状态变量对社会经济发展水平测度（EG）的敏感性分析

利用试值法寻找 EG 为 0.8 时对应的可承载人口，现状值 63.05 万人对应的 EG 值为 0.8037（＞0.8），但与 0.8 偏差不大，而可承载人口为负向指标，所以在现状值基础上先以 0.95 万人步长增加数值，发现 64.5 万人对应的 EG 略微大于 0.8，所以不断缩小步长，经过多次搜寻，最终找出可承载人口的阈值的上边界为 64.75 万人（表 8.9）。

表 8.9　试值法寻找可承载人口（X_{12}）阈值

序列号	可承载人口/万人
1	50.44
2	56.745
3	63.05
4	64.5
5	64.75

工业用水定额为负向指标，搜寻阈值方法如可承载人口（表 8.10）。

表 8.10　试值法寻找工业用水定额（X_{13}）阈值

序列号	工业用水定额/（m³/万元）
1	25.28
2	28.44
3	31.6
4	34.76
5	35.3

利用试值法寻找 EG 为 0.8 时对应的城镇化率，现状值 0.585 对应的 EG 值为 0.8037（＞0.8），而在现状值基础上递减 10%，即城镇化率为 0.5265 时对应的 EG

为 0.7798，所以在 0.5265～0.585 不断调整步长搜索阈值，经过多次搜寻，最终找出城镇化率的阈值为 0.529（表 8.11）。

表 8.11　试值法寻找城镇化率（X_{15}）阈值

序列号	城镇化率
1	0.529
2	0.585
3	0.6435
4	0.702

单方水农业 GDP 为正向指标，搜寻阈值的方法和城镇化率的一样（表 8.12）。

表 8.12　试值法寻找单方水农业 GDP（X_{16}）阈值

序列号	单方水农业 GDP/（元/m³）
1	10.23
2	10.48
3	11.528
4	12.576

通过计算图 8.8（a）～图 8.8（d）的斜率可得，X_{12}、X_{13}、X_{15}、X_{16} 的斜率分别为-0.0129、-0.0021、0.0038、0.0146，故敏感度为单方水农业 GDP>可承载人口>城镇化率>工业用水定额，得出各敏感参数的阈值为：$X_{12}\leqslant64.75$ 万人、$X_{13}\leqslant35.3\mathrm{m}^3$/万元、$X_{15}\geqslant0.529$、$X_{16}\geqslant10.23$ 元/m³。

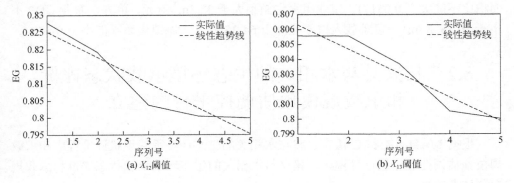

(a) X_{12}阈值　　　　(b) X_{13}阈值

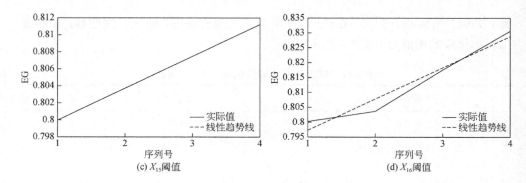

(c) X_{15}阈值   (d) X_{16}阈值

图 8.8　各敏感参数阈值的确定

8.1.4　小结

通过以上分析可得：

（1）若要研究区保持可持续发展，四水配置应该维持：工业用水占总用水量的比为 0.10～0.18，生活用水的比值 0.06～0.11，生态用水 0.08～0.12，农业用水 0.67～0.71。

（2）约束承载状态的关键水资源指标为农田灌溉水有效利用系数；关键水生态环境指标为建成区绿化率、COD 入河量、水土流失面积比、氨氮入河量、河岸带宽度；关键社会经济指标为单方水农业 GDP、可承载人口、城镇化率、工业用水定额。

（3）若要研究区保持良好的与水相关的生态环境承载状态，农田灌溉水有效利用系数不能小于 0.586，河岸带单侧宽度不能小于 4m，建成区绿化率要不低于0.385，COD 入河量不能高于 4040.40t/a，氨氮入河量不能高于 295t/a，水土流失面积比不能大于 0.05121。工业用水定额不大于 35.3m³/万元，单方水农业 GDP 不小于 10.23 元/m³，可承载人口不能高于 64.75 万人，城镇化率不能小于 0.529。

8.2　长兴县与水相关的生态环境承载状态评价和承载规模预估调控平台的建立

根据 MATLAB 和 C 语言，将与水相关的生态环境承载现状评价程序和承载规模预估调控程序进行可视化，建立与水相关的生态环境承载状态评价和承载规模预估调控平台。

8.2.1　与水相关的承载状态评价系统可视化平台的建立

1. 软件说明

与水相关的承载状态评价系统可视化软件使用 MATLAB GUI 编写。

首先，打开 MATLAB 新建一个 GUI 文件，选择默认的 Blank GUI（Default），创建一个空白的 GUI 界面，进入 GUI 开发环境后创建 2 个面板控件、26 个静态文本控件、25 个动态文本控件、2 个按钮控件，并调整控件布局，设置各控件的 Tab 顺序及属性，然后编写回调函数，最后运行 GUI 界面程序。

2. 运行过程

图 8.9 所示的为区域与水相关的承载状态评价系统可视化界面，界面主要由两个部分及两个按钮组成，两个部分为"输入""结果"，两个按钮为"计算""重置"。其中，"输入"部分用户需要输入 3 个水资源余缺水平综合测度指标（人均水资源量、水资源利用率、农田灌溉水有效利用系数）、11 个与水相关的环境质量综合测度指标（COD 排放量、氨氮排放量、河流纵向连通度、河流生态需水保证率、水质等于或优于Ⅲ类的河长比、河岸弯曲度、植被覆盖率、生物丰度指数、城市水面率、城市河湖水质、水土流失面积比）、7 个社会经济水平综合测度指标（人均 GDP、可承载人口、工业用水定额、第三产业的比重、人均粮食占有量、城镇化率、单方水农业 GDP）；"结果"部分可以向用户呈现水资源余缺水平综合测度指标 WI、社会经济发展水平综合测度指标 EG、与水相关的环境质量综合测度指标 LI、综合测度指标 WES 的值。

图 8.9　可视化界面

3. 以太湖流域长兴县为例介绍可视化平台的应用

1）输入参数

（1）长兴县 2014 年各参数值为：人均水资源量 1288m³、水资源利用率 49.43%、农田灌溉水有效利用系数 0.6、COD 排放量 6751t、氨氮排放量 1187t、河流纵向连通度 0.4、河流生态需水保证率 0.95、水质等于或优于 III 类的河长比 0.9322、河岸弯曲度 2.04、植被覆盖率 0.513、生物丰度指数 41.67、城市水面率 0.0614、城市河湖水质 3.73、水土流失面积比 0.0581、人均 GDP 6.9611 万元、可承载人口 63.05 万人、工业用水定额 31.6m³/万元、第三产业的比重 0.403、人均粮食占有量 397.63kg、城镇化率 0.585、单方水农业 GDP 10.48 元/m³。

（2）点击"计算"按钮进行计算，点击"重置"按钮可以清除参数，重新输入。

2）计算结果

计算得出 2014 年水资源余缺水平综合测度指标 WI 值为 0.8272、与水相关的环境质量综合测度指标 LI 值为 0.8221、社会经济发展水平综合测度指标 EG 值为 0.8506、综合测度指标 WES 值为 0.8332（图 8.10）。

图 8.10　计算结果

8.2.2　与水相关的承载规模预估调控平台的建立

1. 软件说明

与水相关的生态环境承载力可视化软件使用 MATLAB GUI 编写。

首先，打开 MATLAB 新建一个 GUI 文件，选择默认的 Blank GUI（Default），创建一个空白的 GUI 界面，进入 GUI 开发环境后创建控件（Panel、Pushbutton、Static text、Edit text、Listbox、Radio Button、Axes）并调整控件布局，设置各控

件的 Tab 顺序及属性，然后编写回调函数，最后运行 GUI 界面程序。在程序运行无误后进行封装，将 GUI 生成 Capacity.exe 文件，用户可以直接安装 Capacity.exe 文件，进行与水相关的生态环境承载力的计算。

2. 运行过程

用户运行 Capacity.exe 文件就可以看到图 8.11 所示的与水相关的生态环境承载力计算的可视化界面，界面主要由四个部分及两个按钮组成，四个部分为"参数输入""绘图选项""绘图区域""计算结果"，两个按钮为"计算""重置"。其中，"参数输入"部分用户需要输入供水量及工业、农业、生活、生态用水率；"绘图选项"部分用户可以根据具体需要选择绘图；"绘图区域"部分展示的是用户根据需要所绘的各指标逐年变化曲线图；"计算结果"部分以表格的形式呈现，共 23 行 9 列，每行数据代表 2014～2035 年各年 GDP、人均 GDP、可承载人口、自然增长人口、综合测度指标 WES、水资源余缺水平综合测度指标 WI、社会经济发展水平综合测度指标 EG、与水相关的环境质量综合测度指标 LI 的值。

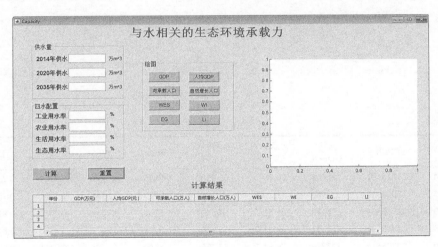

图 8.11　可视化界面

3. 以太湖流域长兴县为例介绍可视化平台的应用

1）输入参数

（1）供水量参数设置：长兴县 2014 年、2020 年、2035 年供水量分别为 45974 万 m³、50100 万 m³、52200 万 m³。

（2）四水配置参数设置：长兴县工业用水率、农业用水率、生活用水率、生态用水率分别为 14%、71%、7%、8%。

（3）点击"计算"按钮进行计算，点击"重置"按钮可以清除参数，重新输入。

2）计算结果

计算得出 2014～2035 年各年的 GDP、人均 GDP、可承载人口、自然增长人口、综合测度指标 WES、水资源余缺水平综合测度指标 WI、社会经济发展水平综合测度指标 EG、与水相关的环境质量综合测度指标 LI 的值，它们通过界面下方表格呈现（图 8.12），具体输出的计算结果见表 8.13。

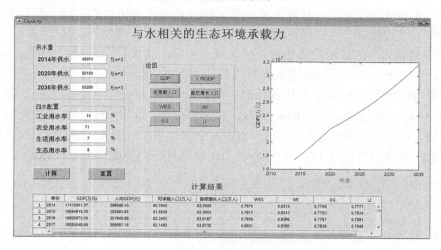

图 8.12　计算结果

表 8.13　计算结果

年份	GDP/万元	人均GDP/元	可承载人口/万人	自然增长人口/万人	WES	WI	EG	LI
2014	17415501	286606	60.7645	63.0500	0.7875	0.8319	0.7709	0.7777
2015	18094919	293984	61.5508	63.3653	0.7917	0.8343	0.7753	0.7834
2020	22011884	335479	65.6133	64.6427	0.8142	0.8459	0.7964	0.8194
2025	24612597	361831	68.0223	65.9460	0.8285	0.8472	0.8120	0.8432
2030	27785612	393889	70.5417	67.2755	0.8459	0.8486	0.8266	0.8830
2035	31741811	433753	73.1795	68.6318	0.8550	0.8500	0.8365	0.8985

3）绘图

用户可根据需要在"绘图选项"选择"GDP""人均 GDP""可承载人口""自然增长人口""WES""WI""EG""LI"这八个指标进行绘图，右侧"绘图区域"可以反映各个指标 2014～2035 年逐年变化曲线图，用户可以清晰地看出各指标逐年的变化趋势。图 8.13（a）为 2014～2035 年逐年 GDP 变化曲线，图 8.13（b）为 2014～2035 年逐年人均 GDP 变化曲线，图 8.13（c）为 2014～2035 年逐年可承载人口变化曲线，图 8.13（d）为 2014～2035 年逐年自然增长人口变化曲线，

图 8.13（e）为 2014～2035 年逐年 WES 变化曲线，图 8.13（f）为 2014～2035 年逐年 WI 变化曲线，图 8.13（g）为 2014～2035 年逐年 EG 变化曲线，图 8.13（h）为 2014～2035 年逐年 LI 变化曲线。

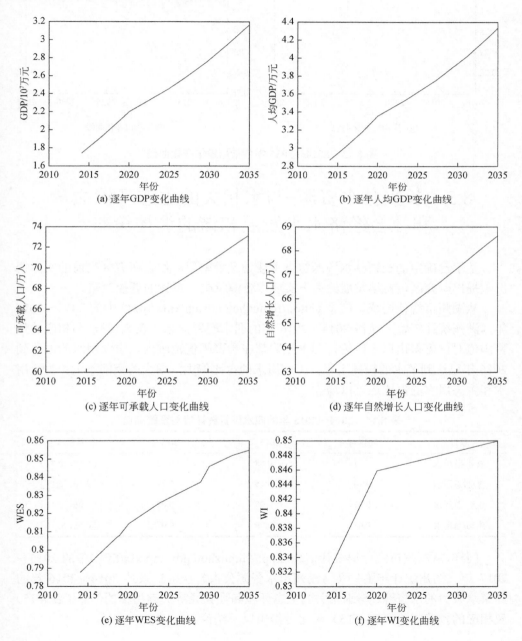

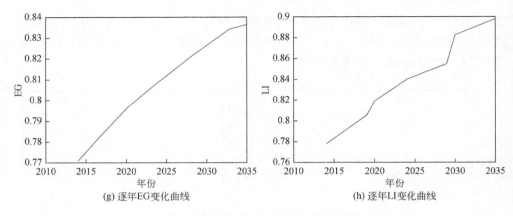

图 8.13　2014～2035 年各指标逐年变化曲线

8.3　长兴县水资源-与水相关的生态环境质量和社会经济水平发展和谐的调控策略

基于已确定的长兴县水资源综合承载力预警阈值，结合研究区当前的实际情况，提出研究区可持续发展约束下实现水资源承载力目标的调控策略。

从湖州市统计局统计信息（http://tjj.huzhou.gov.cn/xxfx/tjfx/）中的 2015～2017 年《湖州统计年鉴》获得 2014～2016 年的四水配置信息（表 8.14），和相应的预警阈值对比可得出以下结论：四水配置都在预警阈值范围内，农业用水的占比到 2016 年已达到节水的较高水平；工业用水的占比偏大，增大的空间不大；生活用水和生态用水的占比还可以增大。

表 8.14　2014～2016 年的四水配置统计值与预警阈值

项目	2014 年	2015 年	2016 年	预警阈值
农业/总用水	0.71	0.68	0.67	[0.67，0.71]
工业/总用水	0.14	0.15	0.17	[0.10，0.18]
生活/总用水	0.07	0.08	0.09	[0.06，0.11]
生态/总用水	0.08	0.09	0.07	[0.08，0.11]

同样，从湖州市统计局统计信息（http://tjj.huzhou.gov.cn/xxfx/tjfx/）中的 2015～2017 年《湖州统计年鉴》及《湖州市水资源公报》获得长兴县 2014～2016 年的约束承载力的水资源、与水相关的生态环境和社会经济关键指标的信息（表 8.15）及相应的预警阈值（表 8.15）对比可得出以下结论。

表 8.15　长兴县约束承载力的水资源、与水相关的生态环境和社会
经济关键指标的信息及相应的预警阈值

项目	2014 年	2015 年	2016 年	预警阈值
农田灌溉水有效利用系数*	0.60	0.628	0.628	[0.568, **0.7**]
建成区绿化率/%	45.81	46.04	46.13	[0.385, **0.5**]
COD 入河量/（t/a）	3988	3487	2868	[**3703.7**, 4040.4]
氨氮入河量/（t/a）	309	306	301	[267, 295]
水土流失面积比**	5.81			[**0.02**, 0.05121]
河岸带单侧宽度/m#	5	5	5	[4, **10**]
单方水农业 GDP/（元/m³）	10.48	11.37	13.31	[10.23, **40**]
可承载人口/万人	63.05	62.94	63.24	≤64.75
城镇化率/%	58.5	59.3	60.9	[0.529, **0.7**]
工业用水定额/（m³/万元）	31.6	30.84	28.12	[**30**, 35.3]

*来自《湖州市水资源公报》，2014 年用的湖州市的平均值；**长兴县水土保持规划（报批稿）（值为 2013 年
的）；#根据南京的河岸带情况推断的。

注：黑体字表示各个关键指标在长兴县承载能力最好时的目标值。

水资源方面：长兴县的农田灌溉水有效利用系数已在预警区间范围内，但距
离优还有一定距离，只要平稳持续提高农田灌溉水有效利用系数即可。

与水相关的生态环境方面：

（1）水环境方面，COD 入河量到 2016 年为 2868t/a，已经低于长兴县的河流
90%的纳污能力（4009.16t/a），已从根本上得到控制，只要维持现状就行；氨氮入
河量为 301t，仍旧超过河流的纳污能力（297.91t/a），还需要继续控制，减小排放
量，增加处理率，尤其对是农业面源污染的控制。

（2）水生态方面，需要继续加强水土保持，逐步缩小水土流失率；河岸带宽
度在允许的条件下也需要继续增大；建城区绿化率随着建成区面积的扩大也需要
继续增大。

社会经济方面：工业用水定额已达到较好水平，只要维持就好；长兴县还可
以接纳一部分外来人口；城镇化率可以继续增大；单方水农业 GDP（农业用水效
益）还有比较大的上升空间。

8.4　长兴县与水相关的生态环境承载力
预警平台建设

根据前文，长兴县与水相关的生态环境承载力预警平台建设框架可用图 8.14
表示，具体如下。

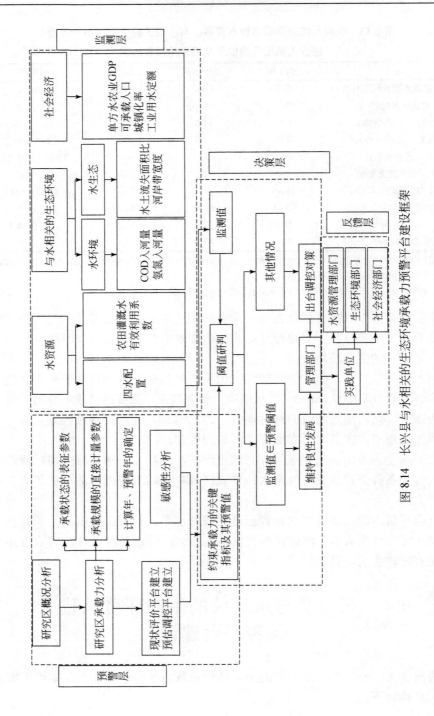

图 8.14　长兴县与水相关的生态环境承载力预警平台建设框架

该预警平台包括四个层次七项任务，第一层预警层，完成任务（1）～（4）；第二层是监测层，完成任务（5）；第三层为决策层，完成任务（6）；第四层为反馈层，完成任务（7）。

（1）首先进行长兴县的概况分析，包括水资源特点、与水相关的生态环境问题及社会经济特点分析。

（2）进行长兴县与水相关的生态环境承载力分析，包括承载现状的评估及未来年份的承载力预估调控模拟，目的是确定研究区域与水相关的生态环境承载状态的表征参数、承载规模的直接计量参数及计算年和预警年。

（3）根据长兴县与水相关的生态环境承载力分析中构建的承载状态评估模型和承载规模预估调控模型，用 MATLAB 建立长兴县与水相关的生态环境承载现状评价平台和承载规模预估调控平台。

（4）基于已建立的长兴县与水相关的生态环境承载现状评价平台和承载规模预估调控平台并结合敏感性分析，确定约束长兴县承载力的关键指标及其预警值。这些关键指标就是我们需要获得的监测值的指标，包括水资源指标（农田灌溉水有效利用系数）、水环境指标（COD 入河量、氨氮入河量）、水生态指标（水土流失面积比、河岸带宽度）及社会经济指标（单方水农业 GDP、可承载人口、城镇化率、工业用水定额）。

（5）监测层根据预警层确定的关键指标进行数据的实施监测。监测层有水资源监测部门、生态环境监测部门及社会经济监测部门。

（6）管理部门从监测部门获取敏感性分析得到的关键指标的监测值，然后与这些指标的预警值（或称为预警阈值）进行对比分析，即阈值研判。若监测值在预警阈值范围内，就需要根据实际情况进行适度调整，维持良性发展，而如果监测值超过预警阈值范围，就需要制定适合的调控对策。

（7）管理部门根据阈值研判的结果制定适度发展或调控对策。然后向各实践单位发布纲领性的实施方案，各实践单位（包括水资源管理部门、生态环境部门及社会经济部门）根据管理部门发布的纲领性的实施方案制定切实可行的实施方案。

8.5　小结与展望

本书的研究以长兴县为例，在与水相关的生态环境承载力分析的基础上，探讨了太湖流域既有山区也有平原河网区的区域与水相关的生态环境承载力的预警机制及预警平台的建设研究，得出了以下结论和展望。

在可持续发展的情景下，到 2035 年长兴县，①生态环境质量将修复到接近优的状态。②四水配置都在预警阈值范围内，农业用水的占比到 2016 年已达到节水的较高水平；工业用水的占比已接近最大值；生活用水和生态用水的占比还可以适度增大。③水环境方面，COD 入河量到 2016 年已基本上得到控制，只要维持现状就行；氨氮入河量还需要继续控制，减小排放量，增加处理率，尤其是对农业面源污染的控制。④水生态方面，需要继续加强水土保持，逐步缩小水土流失率；河岸带宽度在允许的条件下也需要继续增大；建城区绿化率随着建成区面积的扩大也需要继续增大。⑤社会经济方面，工业用水定额已达到最好水平，只要维持就好；长兴县还可以接纳一部分外来人口；城镇化率可以继续增大；单方水农业 GDP（农业用水效益）还有比较大的上升空间。

在太湖流域未来承载力研究中，①如何考虑降水大小年的影响，建议通过变化环境下水资源量的预估研究来进行。②可承载人口等指标在评价模型中应考虑可承载的上限。③把承载状态的评价结果划分为四级，不超载、临界超载、超载、严重超载，以便和全国承载力评估结果保持统一性。④已对包括山区和平原区的典型区进行了研究，建议开展只包括平原河网区的典型区或有南方典型山区河流分布的典型区或整个流域的研究。⑤承载状态评价平台及承载规模预估调控平台的输入界面如何改进，以避免输入数据时出错。

参 考 文 献

郝静，张永祥，薛满，等.2013. 地下水流数值模型内部参数灵敏度分析. 人民黄河，35（06）：83-86.
任启伟，陈洋波，舒晓娟.2010. 基于 Extend FAST 方法的新安江模型参数全局敏感性分析. 中山大学学报（自然科学版），49（03）：127-134.
王友贞，施国庆，王德胜.2005. 区域水资源承载力评价指标体系的研究. 自然资源学报，20（04）：597-604.
肖艳芳.2013. 植被理化参数反演的尺度效应与敏感性分析. 首都师范大学博士学位论文.